Walter Zornek

Agile Strategieumsetzung

Wirkungsvoll führen durch aktives Selbstmanagement

1. Auflage

Haufe Group
Freiburg · München · Stuttgart

Bibliografische Information der Deutschen Nationalbibliothek

Die Deutsche Nationalbibliothek verzeichnet diese Publikation in der Deutschen Nationalbibliografie; detaillierte bibliografische Daten sind im Internet über http://dnb.dnb.de/ abrufbar.

Print: ISBN 978-3-648-14941-6 Bestell-Nr. 10643-0001
ePub: ISBN 978-3-648-14942-3 Bestell-Nr. 10643-0100
ePDF: ISBN 978-3-648-14943-0 Bestell-Nr. 10643-0150

Walter Zornek
Agile Strategieumsetzung
1. Auflage, April 2021

www.haufe.de
info@haufe.de

Bildnachweis (Cover): © egomet

Produktmanagement: Anne Rathgeber
Lektorat: Gabriele Vogt

Agile Strategieumsetzung

»Ist das Projekt nicht dein Freund, so ist es dein Lehrer«

Inhaltsverzeichnis

1 Hintergrund und Einleitung

Strategieumsetzung: das ungeliebte Geschwisterkind der Strategie

Womit wollen Sie und das Unternehmen, für das Sie arbeiten, in fünf Jahren Ihr Geld verdienen? Mit der Strategie? Oder den Ergebnissen und Auswirkungen der Strategie*umsetzung*? Die Antwort scheint klar, die Frage ist natürlich rhetorisch.

Doch ganz so klar ist es eben doch nicht, und das ist mein Beweggrund, Sie zur Lektüre und zu der Arbeit mit diesem Buch einzuladen. Tatsächlich bekommen Sie, wenn Sie Google nach dem Begriff »Strategie« suchen lassen, ganze 95 Mio. Einträge angezeigt. Googeln Sie »Strategieumsetzung«, erhalten Sie jedoch nur 0,2 Mio. Treffer. Es existieren also inzwischen unzählige Artikel und sehr viel Literatur zu Strategie, im Vergleich dazu aber nur erschreckend wenig darüber, wie sich Strategien erfolgreich in die Praxis umsetzen lassen.

Das spiegelt möglicherweise Ihren eigenen Eindruck und Ihr eigenes Gefühl zu diesem Thema wider: Die Strategieumsetzung scheint weder besonders beliebt noch aktuell besonders *angesagt* zu sein, wenngleich sie hoch relevant ist. Vielleicht, weil Strategieumsetzung etwas mit Veränderung zu tun hat, die manchmal sehr schwierig sein kann, vor allem wenn sie nicht nur erdacht und beschlossen, sondern konkret angestoßen werden soll.

Seit einigen Jahren findet zudem auf vielen Ebenen ein gravierender Wandel im Kontext der *Digitalen Transformation* statt, ein Wandel, den auch Sie sicherlich in Ihrem Umfeld wahrgenommen haben. Vieles Bisheriges wird infrage stellt und das Neue zeichnet sich erst ab. *Alte Welt* steht für Tradition, *Neue Welt* steht für agiles Vorgehen, einschneidende Veränderungen scheinen unausweichlich, auch in der Umsetzungsarbeit. Vermutlich haben Sie dieses Buch in einer Situation zur Hand genommen, in der dieser Wandel Ihr Umfeld betrifft und Sie deshalb in Ihrer Umsetzungsarbeit agiler werden und etwas verändern wollen, vielleicht sogar müssen. Dann sind Sie hier genau richtig.

Run the company – Change the company

In meinen vielen Jahren als Führungskraft und Geschäftsführer in der digitalen Industrie sowie als Berater und Facilitator für Strategien und deren Umsetzung habe ich viele Varianten des Umgangs von Strategieumsetzungen kennenlernen dürfen. Rückblickend kann ich sagen, dass die Herausforderungen im Kern immer auf die gleiche Frage hinausliefen: Wie lassen sich Veränderungen schnell und vor allem wirksam *umsetzen*? Strategie und Umsetzung sind kein Selbstzweck, sondern dienen als Rahmen für Veränderungsmanagement einzig und allein der Ausrichtung auf den Erfolg für Kunden, die Organisation und deren Stakeholder. In diesem Sinne sind Sie in Ihrer Verantwortung für den Wandel eigentlich mehr *Veränderungs*- als *Führungs*kraft

Scheinbar paradox ist: Je erfolgreicher eine Organisation ist oder war, desto veränderungsresistenter und damit krisenanfälliger erweist sie sich. Erfolg ist gewissermaßen ein Rauschmittel mit der Nebenwirkung eines in den Startlöchern stehenden Misserfolgs. Warum? Wenn erfolgreiches Handeln auf einer guten Strategie und ausgeprägter Problemlösungskompetenz für eine Umweltkonstellation beruht, ist dies nur so lange zweckdienlich, wie diese spezifische Konstellation fortbesteht. Ändert sich die Umwelt, ist ein Anpassungsprozess und damit Veränderung – bei paradigmatischen Veränderungen eine Transformation – notwendig.

Die ablehnende Haltung zur Veränderung im Erfolgsfall ist sicherlich leicht nachzuvollziehen: Wenn wir mit einem bestimmten Verhalten – sei es bei uns selbst, unserem Team oder als Unternehmen – über längere Zeit sehr erfolgreich waren, warum sollten wir dieses Verhalten dann ändern? So weiterzumachen wie bisher, ist nur allzu menschlich und sicher auch heuristisch sinnvoll, um das bestehende Gleichgewicht nicht unnötig zu gefährden. Warum sollten wir mehrheitlich vorherrschende Paradigmen infrage stellen und Bewährtes – das, was uns zum Erfolg geführt hat – zerlegen?

Genau aus dem Grund, der Sie vermutlich zu diesem Buch hat greifen lassen: Wenn die Umwelt sich, so wie sie das gegenwärtig tut, immer schneller, immer gravierender verändert, kann kein Erfolgsrezept mehr auf Dauer Bestand haben, eine Planung für einen langen Zeitraum nicht mehr sinnvoll sein.

Aber ist dann möglicherweise alles infrage zu stellen? In der Welt, in der wir leben, können insbesondere technologische Entwicklungen, aber auch Naturkatastrophen, weltwirtschafts- oder geopolitische Ereignisse zu äußerst dynamischen Disruptionen führen. So zwingen uns gegenwärtig etwa die digitale Transformation oder die Covid-19-Pandemie zu fortlaufender Anpassung an veränderte Realitäten und Herausforderungen. Sicher geglaubte Gewissheiten werden buchstäblich über Nacht obsolet. Unter diesen Bedingungen ist der Schlüssel für eine erfolgreiche Strategieumsetzung weniger gute Analyse oder präzise Planung, sondern Adaptions- und Anpassungsfähigkeit. Oder auch: Agilität.

Agilität ist tot, es lebe die Agilität!

Der Begriff *Agilität* geht auf das lateinische Verb *agere* für *treiben* oder *in Bewegung setzen* zurück. Allgemein ist Agilität ein Synonym für *Gewandtheit*, *Wendigkeit* oder *Beweglichkeit*, im Management steht dieser Begriff für die flexible Reaktion auf unvorhergesehene Ereignisse und das aktive Ausgestalten unsicherer Rahmenbedingungen von Personen, Teams und Organisationen.

Beim Erscheinen dieses Buches liegt die Veröffentlichung des sogenannten *agilen Manifests* ziemlich genau zwanzig Jahre zurück. Das agile Manifest ist seit 2001 Grundlage vieler agiler Betrachtungen, Herangehensweisen und Methoden. Aktuell scheint es sogar einen *Agile-Hype*, einen *agilen Mainstream* zu geben; alles soll möglichst agil werden. Einer der Begründer des agilen Manifests, Ron Jeffries, sprach sich jedoch vor Kurzem dafür aus, Agilität für tot zu erklären und keine weiteren agilen Methoden mehr zu nutzen. Was heute *agil* genannt wird, hätte, so Jeffries, mit den agilen Prinzipien von 2001 nur noch wenig zu tun. Er spricht von *agilem Theater* und sogar von *Fake Agile* und drückt damit aus, dass es seiner Meinung nach mittlerweile vor allem lediglich um das Nutzen agiler Tools gehe. Sie würden von vielen Managern als *Zaubermittel* für schnellere Produktentwicklung, höhere Qualität, effizientere Prozesse gesehen. Das spiegelt auch meine Erfahrungen als Berater wider. Der Einsatz von Kollaborationssoftware, bunten Sofas, Loft-Büros, Jeans und Sneakern machen noch keine agile Kultur, kein agiles Mindset aus. Das eigentliche Ziel der Verfasser des agilen Manifests droht hier aus dem Blick zu geraten und damit auch die Werte und Prinzipien zur Adaptions- und Anpassungsfähigkeit in einem sich sehr schnell verändernden Umfeld. Zu diesen Werten gehören beispielsweise Kundenzentrierung, Verantwortungsübernahme, Konfliktfähigkeit, Mut, Wertschätzung, Offenheit, Lernen und Fokus.

Mache einen Plan und verwirf ihn nach dem ersten Schritt

Welche Ihrer Pläne, z. B. für Ihre Karriere oder für Ihren Verantwortungsbereich, welche Unternehmensplanungen sind, wenn Sie zurückschauen, so verlaufen wie prognostiziert? Mit ziemlicher Sicherheit kein einziger. Pläne sollen Sicherheit vermitteln und einen Handlungsrahmen geben. Je stabiler die Umwelt zu sein scheint, desto genauer und langfristiger wird geplant. Ich kenne keine Pläne, die nicht angepasst oder verworfen werden. Es gibt immer ungeplante Aktivitäten, alles andere ist Illusionspflege. Oder kennen Sie jemanden, der in seinem Plan für das Jahr 2020 eine Pandemie berücksichtigt hat?

Wenn Sie es jedoch immer wieder schaffen, Ihre Pläne kurzfristig anzupassen, zu verändern oder sogar zu verwerfen und die Gunst der Stunde nutzen, die sich dadurch eröffnet, können Sie den nächsten erfolgreichen Schritt tun, um zum übernächsten zu gelangen.

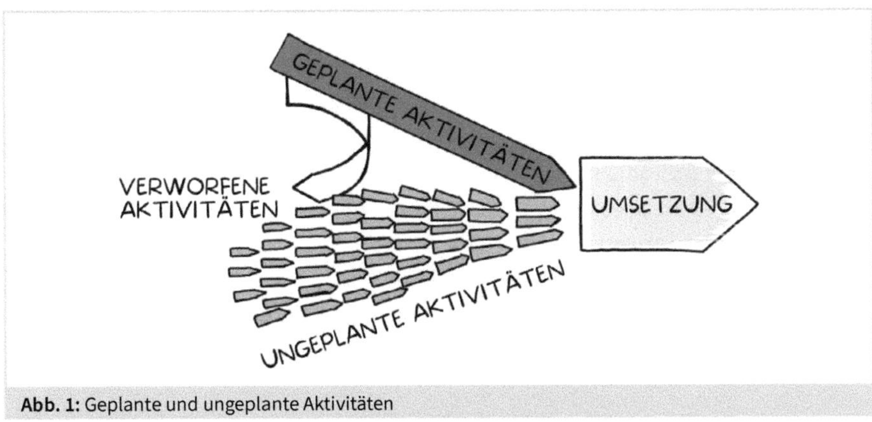

Abb. 1: Geplante und ungeplante Aktivitäten

Im agilen Selbstverständnis entsteht der Weg beim Gehen, durch Adaption und Anpassung an sich schnell verändernde Umstände. Ist deshalb Planung – sei es von Strategien oder Umsetzungsmaßnahmen – überflüssig? Nein, denn wenn man Planung weniger als detaillierte Wegbeschreibung und vielmehr als Mittel zur Auseinandersetzung mit der Zukunft begreift, ist sie sogar sehr wichtig. Deshalb gibt es auch im agilen Kontext Planungen. Jedoch werden diese nicht als fix gesehen, sondern in kurzen Abständen immer wieder hinterfragt, überprüft und angepasst. Das ist einer der Grundsätze des agilen Vorgehens.

Der Kunde ist Kunde ist Kunde

Auch Adaption und Anpassung sind kein Selbstzweck, sondern Hilfsmittel, um erfolgreich durch die Zukunft zu navigieren. Nicht nur im Softwarebereich, auch bei anderen Services und Produkten ist der Kunde meist nur einen Mausklick von Alternativen zu Ihrem Angebot entfernt. Erfolgreich sind Sie daher nicht dann, wenn Sie eine Strategie umgesetzt haben, sondern wenn Sie mit dem, was Sie tun, das Vertrauen und das Wohlwollen Ihrer Kunden gewinnen. Geschäftlich erfolgreiche Adaption und Anpassung ist in erster Linie Adaption und Anpassung an das, was Kunden umtreibt und diesen hilft. Besonders erfolgreich sind Sie dann, wenn Ihre Kunden so gerne mit Ihnen zusammenarbeiten, dass sie es sich gar nicht anders vorstellen können.

Agiles Handeln heißt daher vor allem maximale Kundenzentrierung. Dabei ist es wichtig, im Vorfeld das eigene Kundenverständnis zu hinterfragen und zu klären. Ein Kunde ist, das wird Ihnen dieses Buch an einigen Stellen immer wieder vergegenwärtigen, nicht einfach nur eine externe, zahlende Person, Firma oder Institution. Ein Kunde ist jemand, für den Sie Ihre Leistung aus Ihrem Verantwortungsbereich mit einem bestimmten, auf diesen Kunden ausgerichteten Nutzen erbringen. Sie berücksichtigen seine Herangehensweisen bei Ihrer Leistungserbringung, weil *seine* Probleme gelöst werden, *sein* Denken verbessert und *seine* Performance in gewisser Hinsicht *verschönert* werden sollen.

Vom Work System und Social System

Beim Durcharbeiten dieses Buches werden Sie feststellen, dass ein besonderer Schwerpunkt auf der Gestaltung des menschlichen Miteinanders liegt. Bevor ich mich mit Agilität beschäftigt habe, waren meine Denkmodelle unter dem Eindruck meines früheren Ingenieursstudiums und meiner späteren betriebswirtschaftlichen Ausbildung von modellhaft-linearen, strukturiert-faktenorientierten und auf zweckrationale Kausalität ausgerichteten Lösungsansätzen geprägt; mein Fokus lag auf dem *Arbeitssystem (Work System)*. Meist ging es darum, wichtige, dringliche Aspekte vor allem der *Sache* herauszuarbeiten und die sich ergebende Problemstellung dann solange herunterzubrechen, bis sie kleinteilig einer Lösung zugeführt werden konnte. Mein

Denken und Handeln orientierte sich an fachlichen Aufgaben und Lösungsmöglichkeiten; es galt, vor allem andere (und mich selbst) mit Fakten davon zu überzeugen, dass ein Ziel und die zu seiner Erreichung notwendigen Aktivitäten wichtig, dringlich, richtig und damit folglich auch sinnvoll sind. Typische zwischenmenschliche Phänomene und Erfahrungen gab es selbstverständlich auch: Freude, Motivation, Konflikte, Enttäuschungen; sie wurden sogar thematisiert (meist auf Fluren, in Kaffeeküchen und zu anderen inoffiziellen Anlässen), allerdings habe ich sie vor allem zu Beginn meiner Tätigkeit als Manager selten zum Gegenstand meines bewussten Führungshandelns gemacht.

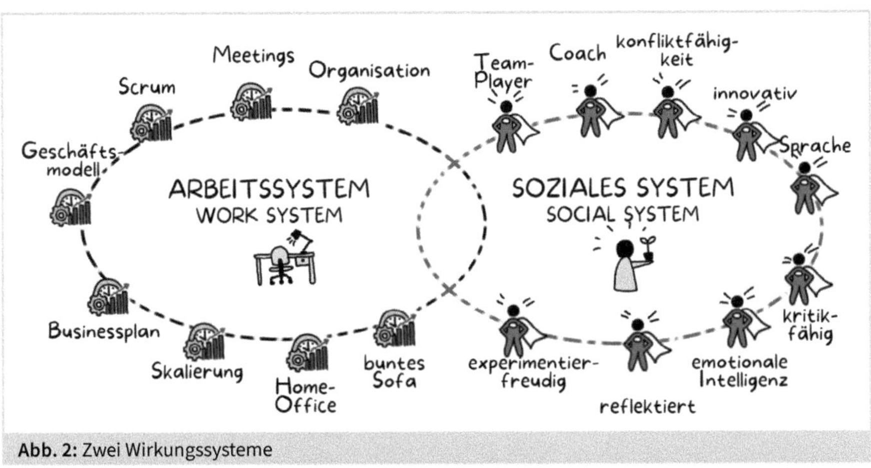

Abb. 2: Zwei Wirkungssysteme

Aber unter welchen Voraussetzungen führt das Zusammenspiel von Führung, Strategie, Motivation, Organisation und Menschen zu bestmöglichen Ergebnissen? Ich kam zunehmend zu der Erkenntnis – nicht erst durch mein späteres Psychologiestudium, sondern gerade auch aus der Praxis –, dass erfolgreiche Führung in Organisationen zwar eine Sach- und Arbeitsebene benötigt, aber vor allem auf Kommunikation, auf sozialer Beziehungsgestaltung beruht.

Der bewusste, reflektierte, handlungs- und zielorientierte Umgang mit zwischenmenschlichen Phänomenen unterscheidet, so meine Erfahrung, anhaltend erfolgreiche von weniger erfolgreichen Führungskräften. Das Anliegen der Begründer des Agilen Manifests und auch meine eigene Einschätzung ist, dass die bewusste Gestaltung des menschlichen Miteinanders umso mehr an Bedeutung für gelingende Strategie- und Umsetzungsarbeit gewinnt, desto höher die Anforderungen an Wandel und Veränderungen in der Organisation sind. Agiles Vorgehen basiert auch und gerade darauf, Strukturen und einen Rahmen für ein *Soziales System (Social System)* zu schaffen, das menschliche Beziehungen und soziale Eingebundenheit berücksichtigt und Vertrauen, die sogenannte psychologische Sicherheit aller Beteiligten, fördert.

Das bewusste Einbeziehen und das Berücksichtigen von menschlichen Befindlichkeiten führen zwar nicht automatisch zu einer gelingenden Umsetzung, sie schaffen jedoch mehr Robustheit für den Umgang mit Herausforderungen und Krisen. Wenn sie nicht angemessen berücksichtigt werden, ist das Risiko einer mangelhaften Umsetzung signifikant größer.

Wollen Sie es nur wissen oder wollen Sie es auch können?
»Wie kann ich besser und vor allem wirkungsvoller in meiner Umsetzungsarbeit werden?«, war eine Frage, die mich selbst jahrelang geleitet hat und die viele Führungskräfte heute mehr denn je bewegt. Die andauernde Arbeit und die vielen Erörterungen und Diskussionen zu diesem Thema mit Menschen unterschiedlichster Hintergründe, Fähigkeiten und Perspektiven waren für mich außerordentlich fruchtbar und bereichernd. Was Sie hier lesen werden, habe ich mir nicht ausgedacht, es ist auch nichts bahnbrechend Neues. Es ist vielmehr das Ergebnis eigener Begeisterung, Arbeit und Erfahrungen, ausgiebigen Diskussionen sowie vieler Beratungen und Workshops zu Strategie, Umsetzung und agilem Handeln.

Mein Eindruck ist, das Wissen oft mit Können verwechselt wird. Zum Können braucht es aber viel mehr als nur Wissen, es braucht vor allem Hinterfragen, Ausprobieren, Verstehen, Andersmachen, viel Begeisterung und vor allem viel, viel Übung. Genau dazu möchte ich Sie mit diesem Buch anregen und dabei unterstützen.

Sie erhalten allerdings keine *Patentrezepte* und keine *Agil-In-Fünf-Minuten-Lösungen*. Auch wenn wir uns vielleicht heimlich ein Allheilmittel wünschen, wissen wir doch, dass wir selbst die Ärmel hochkrempeln müssen. Und, wie es metaphorisch so schön heißt: Das Hemd schwitzt nicht von allein. Das hier ist ein *Probier-, Arbeits- und Übungsbuch*, das Sie als Führungskraft dazu einladen, ermutigen und inspirieren will, an sich selbst zu arbeiten im Hinblick auf Ihre erfolgreiche und agile Strategieumsetzung. Betrachten Sie – als Umsetzer von Strategien – Ihre Arbeit und Ihr Wirken neugierig und experimentierfreudig aus unterschiedlichen Perspektiven, leiten Sie daraus Ansätze für Veränderungen Ihrer Sichtweisen und Ihres Verhaltens ab und erweitern Sie so Ihr Handlungsrepertoire. Dazu werden Sie vieles hinterfragen, was Ihnen heute noch als selbstverständlich und vor allem als gut und richtig erscheint. Wenn Sie ehrlich sind, werden Sie vermutlich bestätigen können, dass immer wieder in genau solchen Situationen des kritischen Hinterfragens Neues und wirklich Produktives entstanden ist. Damit aus Wünschen und Ideen Innovation entstehen kann und Veränderungen wirksam werden, damit Sie es nicht nur *wissen*, sondern auch *können*, braucht es zudem Freude, Mut, Kraft und Ausdauer, gegen eigene und fremde Widerstände anzugehen.

Probieren, arbeiten und üben Sie mit diesem Buch

Dieses Buch ist in drei Hauptkapitel gegliedert, die sich als Lernschleifen verstehen.

- Im ersten Teil geht es um das Schaffen eines gemeinsamen Verständnisses und einige grundlegende Fragen:
  - Was ist Strategie, wo kommt sie her, wann ist sie gut und wofür ist sie da? (Siehe Kapitel 3.1 und 3.2)
  - Was bedeutet Strategieumsetzung angesichts aktueller und zukünftiger Herausforderungen? (Kap. 3.3)
  - Wie kann die Umsetzung der Strategien agiler werden? (Kap. 3.3 bis 3.6)
- Der zweite Teil beinhaltet vor allem Aspekte des Selbstmanagements mit Blick auf Umsetzungsqualität und Agilität, hier geht es um Sie als Führungskraft und Ihr bewusstes Wirken:
  - Was sind typische praktische Herausforderungen der Strategieumsetzung? (Kap. 4.1)
  - Wie kann ich an meinem Mindset arbeiten, um erfolgreicher Strategien umzusetzen? (Kap. 4.2 und 4.3)
  - Wie kann ich mit den verschiedenen Kulturformen, die mir begegnen, mit Komplexität und Missverständnissen umgehen? (Kap. 4.4 bis 4.8)
  - Wie gelingt es mir, Motivation, Empathie, Emotionen und Widerstand als Ressourcen agiler Umsetzung zu nutzen? (Kap. 4.9 bis 4.13)
- Schließlich geht es im dritten Teil um ergebnis- und wirkungsorientierte Steuerung Ihrer Umsetzungsarbeit:
  - Was kann ich Ergebnis und Wirkung agiler Strategieumsetzung begreifen? (Kap. 5)
  - Welche Stolpersteine können mir begegnen? (Kap. 5.2)
  - Wie kann ich meinen Fortschritt, bezogen auf die von mir beabsichtigte Wirkung, nachhalten? (Kap. 5.1 und 5.3)

Alle drei Hauptkapitel enthalten Unterkapitel, die in das jeweilige Thema einleiten, Impulse geben und relevante Aspekte bezogen auf agile Strategieumsetzung aufgreifen. An jedes Unterkapitel schließt sich eine Übung an, mit der Sie das Thema in Bezug zu Ihrer eigenen Managementtätigkeit und Umsetzung bearbeiten können. Am Ende einer jeden Übung werden Sie zu einer Retrospektive eingeladen; zu einer Reflexion der Übung selbst und der Aspekte, die im Weiteren wichtig für Sie sein könnten.

Die Übungen haben, das wird Ihnen auffallen, Coaching-Charakter und stammen aus dem Repertoire des Agile-Coachings. In einigen Fällen jedoch könnte es hilfreich sein, die Übungen mit einem Sparringspartner, mit Kolleginnen oder Ihrem persönlichen Coach durchzusprechen. In jedem Fall ist es wichtig, dass Sie die Ergebnisse der Übungen verschriftlichen, da diese sich so besser verankern und Ihnen damit bei wiederholter Durchsicht produktive Anknüpfungspunkte zur Verfügung stehen. Idealerweise legen Sie sich ein eigenes Notizbuch nur für die Übungen dieses Buches zu und verwenden es auch dann, wenn Sie neue Herangehensweisen zur agilen Umsetzung in Ihrem Alltag ausprobieren.

Wie häufig beim agilen Vorgehen gibt es zur Einstimmung einen *Check-in* am Anfang des Buches und zur Fokussierung auf das, was kommt, sowie einen *Check-out* am Ende zum Loslassen und für einen Blick in die Zukunft. Sie müssen nicht alles von Anfang bis zum Ende durcharbeiten, sondern können sich auch einzelne, für Sie interessante Teile heraussuchen. Jedes der drei Kapitel ist jedoch so aufgebaut, dass das stufenweise Durcharbeiten den roten Faden für eine innewohnende Lernschleife darstellt.

Wie eingangs erwähnt, existieren inzwischen gefühlt unendlich viel Literatur, Theorien und Konzepte zu Strategie wie zu Agilität, jedoch nur wenig zur agilen Strategieumsetzung. In diesem Probier-, Arbeits- und Übungsbuch finden Sie Anregungen und Hilfen für das gedankliche Zusammenführen und die Kollaboration dieser drei sonst eher getrennt betrachteten Themenfelder. Sie finden außerdem Angebote, praktische Ideen und mit Einladungen zum Überdenken und Umdenken verbundene Erkenntnisse. Insbesondere die Übungen sollen Sie ermutigen, gemeinsam mit Ihrem Team und Ihren Stakeholdern Umsetzungsarbeit und Wandel effektiver und effizienter, vor allem aber wirkungsvoller zu gestalten. Vielleicht blicken auch Sie in ein paar Jahren stolz zurück auf die Zeit, in der Sie besondere Herausforderungen mit neuen Ansätzen, Herangehensweisen und verändertem Verhalten bewältigt und einen weiteren großen Schritt in Ihrer Entwicklung und Ihrer Karriere gemacht haben.

Fallbeispiel Agilität: Prinzipien und Werte

GEHT ES AUCH OHNE AGILE TOOLS?

Es ist einer dieser heiß-schwülen Sommertage in Bonn Ende der 1990er Jahre. Einige seriös wirkende Menschen in Geschäftskleidung stehen mit einigen meist jüngeren, eher lässig gekleideten Frauen und Männern in einem provisorisch wirkenden Besprechungsraum. An den Wänden hängen beschriebenes Flipchart-Papier, Ausdrucke von Statistiken und Zettel mit Notizen, auf den Tischen stehen Laptops, Kaffeetassen und Teller mit Essen vom Lieferdienst. Die Beteiligten sind in intensive Diskussionen um Kundenprojekte, Umsatz- und Sachkosten, Produktfeatures und Probleme im technischen Betrieb vertieft.

Wir begegnen hier dem Business-Unit-Team *Internet Service Provision*, das ich nach meiner Zeit in der Telekom-Konzernstrategie leiten durfte. Unser Auftrag lautete: die Telekom gegen am Markt etablierte Wettbewerber zum führenden Anbieter für Internet-Dienste bei Geschäftskunden zu machen. Von 0 auf 100, oder anders ausgedrückt: ein Umsatzwachstum von einigen zehntausend D-Mark Umsatz im Jahr 1997 auf einen mittleren fünfstelligen Millionenbetrag im Jahr 2001.

Dieses Geschäftsfeld, Anfang 1997 gegründet, war komplett neu, die Produkte und Services waren jedoch bereits, zumindest in PowerPoint, als strategische Zukunft skizziert: Intranet, Extranet, Breitbandzugänge, Internet via DSL oder Mobilfunk und auch internetbasierte Streamingdienste, die Telekom als führender Internetanbieter. Die Business Unit erhielt eine Art Sonderstatus: »Macht, was ihr für richtig haltet, solange ihr eure Ziele erreicht. Dafür bekommt ihr jede notwendige Unterstützung«, war die Zusage des Top-Managements. Wir gingen mit Begeisterung und höchster Motivation an die Arbeit: Dazu entwickelten wir zusammen mit Kunden Produkte nach dem Prototyping- und Working-Backward-Konzept, verkürzten den Vertriebseinführungsprozess zusammen mit den Kollegen aus Rechnungsstellen, Entstörung und Betrieb von zwei Jahren auf zwei Monate, führten die ersten Intranets in Deutschland mit Topkunden wie BMW oder der Allianz ein, implementierten DSL als neuen Breitbandanschluss zusammen mit T-Online und mobile Datensysteme mit T-Mobile sowie erste Streaming-Angebote mit der Kirch-Gruppe. Wir führten unzählige Gespräche mit internen Kollegen, Kunden, Lieferanten, Wettbewerbern und gaben Vertriebsschulungen. Gleichzeitig spürten wir heftigen Gegenwind aus der traditionellen Organisation, die ihren Kernauftrag im Bereitstellen von Telefonanschlüssen sah.

Parallel bauten wir ein höchst diverses Team auf, in dem Jung und Alt, Technikerinnen, BWLer, Juristen, Pädagoginnen und Soziologen genauso vertreten waren wie Beamte und Mitarbeitende von Wettbewerbern oder aus anderen Ländern. Wir schmiedeten viele Pläne und verwarfen sie zugunsten neuer Pläne gleich wieder, wir machten ebenso viele Fehler, korrigierten diese meist schnell (Start-Stop-Keep). Auf diese Weise gestalteten wir eine sehr steile Lernkurve für unser Team, aber auch für unsere Kunden und unser organisatorisches Umfeld. Im Jahr 2001 hatten wir unsere Ziele weitgehend erreicht, die Telekom hatte die führende Position im Business-Internet-Segment. Und es gab auf Basis unserer Arbeit erste Überlegungen für die Ablösung des Fest- und Mobilfunknetzes durch ein All-Internet-Network (das heute in Betrieb ist).

Aus dieser Zeit habe ich vor allem folgende Dinge gelernt:

- Die notwendige Veränderung wesentlicher Teile der alten Organisation und Prozesse konnten wir nicht per Dekret oder Fakten, sondern ausschließlich durch *Begeisterung im Team für unsere Sache, vielen persönlichen Gespräche, Transparenz, Offenheit und Vertrauensarbeit* erreichen.
- Mit dem Fokus auf *immer wieder neue, wenige implementierte, dafür funktionierende und vorzeigbare Produktfunktionalitäten* waren wir erfolgreicher als mit umfassenden Releaseplänen, was wir alles noch machen wollen würden und könnten.
- Die *vertrauensvolle, konkrete Einbindung unserer Kunden* aus den jeweiligen Produktsegmenten bei der Produktentwicklung brachte uns schneller voran als die von einigen Vertrieblern und AGB-Juristen oft gewünschte vertragliche Kundenbindung und Absicherung durch Abschottung.
- Wir hatten *eine Vision*, ein Bild vor Augen. *Internet: Anywhere, Anytime, Any Device*. Und auch eine Strategie (und sogar einen offiziellen Fake-Fünf-Jahres-Strategieplan für die Unternehmensplanung als brauchbare Illegalität), die jedoch mehr ein grober Zielkorridor als ein Plan war. Aufgrund der Dynamik und Komplexität war *konkretes Arbeiten nur auf Sicht* möglich, d. h., wir sind explorativ vorgegangen und haben mit Drei-Monats-Planungsintervallen und mit Zielen gearbeitet, die mehr auf *Fertigem, Implementiertem, Funktionierendem* und weniger auf gemachten Aktivitäten beruhten. Die Strategieumsetzung im dynamisch-komplexen Umfeld funktionierte, weil sie Teil eines eng gekoppelten und immer wieder aufs Neue angepassten Prozesses war.
- Mit unserer Arbeit als eine Art *internes Start-up* hatten wir – zum Teil gegen heftigen Widerstand – die sehr traditionelle Kultur und das damit verbundene Geschäftsmodell herausgefordert, gleichzeitig benötigten

> wir die Kooperation wesentlicher Akteure des Unternehmens für eine erfolgreiche Umsetzung. Grundlegende Änderungen auch in der sehr starren Unternehmensorganisation waren möglich und skalierbar, weil das gewünschte Neue von jedem einzelnen Mitglied unseres Teams begeistert gelebt, aktiv mit Multiplikatoren in der Linienorganisation vernetzt und vor allem nahezu vorbehaltlos vom Top-Management unterstützt wurde.

Heute weiß ich, dass wir damals intuitiv und weitgehend nach agilen Prinzipien und Werten gehandelt haben und erfolgreich waren – ohne bewusst ein einziges agiles Tool zu kennen.

2 Check-in

- Wie geht es Ihnen gerade?
- Warum haben Sie *jetzt* dieses Buch zur Hand genommen?
- Was ist Ihr Interesse an der Beschäftigung mit agiler Strategieumsetzung?
- Was ist Ihre Absicht, Ihr Ziel?

In diesem Check-in-Kapitel sind Sie dazu eingeladen, sich zunächst mehr Klarheit über Ihr Anliegen und Ihre aktuellen Herausforderungen zu verschaffen, die Sie zu diesem Buch haben greifen lassen. Dieses Vergegenwärtigen ist wichtig, denn bevor Sie richtig loslegen, sollten Sie sich zunächst einige Gedanken über Ihre grundlegenden Wünsche und Ziele machen.

Vermutlich befinden Sie sich gerade in einer Situation, in der Sie sich von einem Mehr an Agilität eine bessere Bewältigung Ihrer aktuellen Herausforderungen versprechen. In Ihrer Projektarbeit zur Strategieumsetzung oder, das ist möglicherweise gerade Ihr Gefühl, im Umgang mit wichtigen Stakeholdern aus Ihrem beruflichen Umfeld laufen die Dinge vielleicht gerade ganz gut, könnten oder sollten aber noch besser laufen. Vielleicht sind Sie auch von einem grundlegenden Strategiewechsel oder den Auswirkungen eines laufenden Krisenbewältigungsprogramms Ihres Unternehmens betroffen und haben den Eindruck, dass Sie einiges in Ihrer Arbeit verändern sollten. Auch wenn Sie im Lauf Ihrer Karriere schon viele Herausforderungen gemeistert haben, sind Sie sich angesichts der neuen Anforderungen vielleicht nicht sicher, ob Ihre bisherigen Instrumente, Herangehensweisen und Handlungsmuster weiterhin tragen und Sie zum Erfolg führen werden.

Abb. 3: Check-In-Fragen

Lassen Sie uns daher mit ein paar Fragen und einer ersten kleinen Übung starten, die Ihnen mehr Klarheit über Ihr Anliegen und dann auch über Ihre nächsten Schritte verschaffen wird.

Übung 1: Worum es aktuell geht (benötigte Zeit ca. 60 min)

Schritt 1: Wo stehen Sie gerade?

In Ihrer aktuellen Situation finden Sie vermutlich Einiges, das Ihnen Freude bereitet, das gut läuft und aus dem Sie Energie ziehen. Daneben gibt es sicher auch Aspekte, die Sie eher neutral einschätzen; die Sie weder als ausgesprochen gut noch als ausgesprochen schlecht bezeichnen würden. Wahrscheinlich existieren aber auch Dinge, die Sie ärgern, die schwierig und unangenehm wirken und die vielleicht sogar Ihren Umsetzungserfolg gefährden. Vergegenwärtigen Sie sich Ihre Ausgangssituation, indem Sie sich diese Aspekte in einer Übersicht notieren.

Legen Sie dafür in Ihrem Notizbuch eine Tabelle mit drei Spalten an, in denen Sie jeweils die positiven, neutralen und negativen Aspekte Ihrer Situation notieren. Führen Sie dabei möglichst alles auf, was für Ihre aktuelle Befindlichkeit eine Rolle spielt.

Schritt 2: Wo kommen Sie her, wo wollen Sie hin?

Im zweiten Schritt machen Sie sich nun Ihren Beweggrund für die Beschäftigung mit agiler Strategieumsetzung klar. Welche Probleme möchten Sie lösen und wie stellen Sie sich den Zustand nach der Problemlösung vor?

Das können Sie für sich am besten mit Hilfe von *Warum*- und *Wozu*-Fragen klären:

- Dabei zielt das *Warum* in die Vergangenheit, auf die Beschreibung von Erfahrungen und Erlebnissen: Wie haben Sie Strategieumsetzungen bisher erlebt? Haben Sie bereits Erfahrungen mit agilem Vorgehen? Welcher Art waren diese? Welche Gründe für agiles Vorgehen ergeben sich aufgrund Ihrer Erfahrungen?
- Das *Wozu* weist dagegen in die Zukunft: Was möchten Sie erreichen? Was soll sich mit Agilität ändern und besser werden? Wo möchten Sie hin? Welchen Zweck verfolgen Sie mit mehr Agilität?

Abb. 4: Fragen zum *Warum* und *Wozu*

Nehmen Sie wieder Ihr Notizbuch zur Hand und notieren jeweils zum *Warum* und *Wozu* Ihres Anliegens Ihre Gedanken.

Schritt 3: Was ist zu bewältigen?

Versuchen Sie nun, ausgehend von den bisherigen Gedanken und Erkenntnissen, folgende Fragen zu beantworten:
1. Was sind aktuell für Sie die *drei* größten Herausforderungen in Ihrem Strategieumsetzungs- und Führungsalltag?
2. Welche Ansätze haben Sie schon ausprobiert, um diese Herausforderungen zu bewältigen? Was davon hat wie gut oder wie schlecht funktioniert?
3. Wie könnten aus Ihrer heutigen Sicht Agilität und ein agileres Vorgehen dazu beitragen, dass Sie Ihre drei größten Herausforderungen erfolgreich meistern?

Halten Sie auch diese Antworten in Ihrem Notizbuch fest.

Nach diesen eher analytischen und vielleicht etwas anstrengenden Fragen biete ich Ihnen im letzten Schritt dieser ersten Übung noch so etwas wie eine *Wunderfrage* an.

Schritt 4: Wunderfrage

Wenn Sie könnten, wie Sie wollten, und Sie wüssten, es würde gelingen: Was würden Sie dann tun?

Lassen Sie bei der Beantwortung dieser Frage Ihren Gedanken zu Ihrer aktuellen beruflichen Situation und Ihren damit verbundenen Wünschen und Herausforderungen freien Lauf. Notieren Sie so ausführlich wie möglich und gerne auch unstrukturiert alles, was Ihnen dazu einfällt.

Retrospektive

Wie bereits in der Einführung angekündigt, endet jede Übung mit einer *Retrospektive*, in der Sie Ihre Beobachtungen über den Verlauf der Übung festhalten und reflektieren. So auch hier. Notieren Sie sich, was Ihnen wichtig erscheint.
- Konnten Sie sich auf die Fragen einlassen? Wo mehr und wo weniger?
- Wenn ein sehr guter Freund, ein wohlgesonnener Kollege oder Ihr Coach auf Ihre Antworten schauen würde: Würde er Ihre Sicht teilen?
- Haben Sie den Eindruck und das Gefühl, dass Sie Ihr Problem, Ihr bisheriges Vorgehen, Ihre Erwartungen und Wünsche für die Zukunft klar und prägnant formulieren konnten?
- Sind Sie bereit, Ihre Sichtweisen, Ihre Grundsätze und Ihr Handeln zu hinterfragen, wenn Sie dadurch Ihre Herausforderungen besser und erfolgreicher bewältigen könnten?

> Abschließend können Sie – nochmals aus der Vogelperspektive – ein **Resümee** ziehen. Auch dazu sind Sie nach allen folgenden Übungen eingeladen: **Was hat Sie bei dieser Übung überrascht oder verwundert, was war interessant, hilfreich, was stimmt nachdenklich?** Notieren Sie Ihre drei wichtigsten Erkenntnisse dieser Übung.

Nun sind Sie hoffentlich eingecheckt und es kann endlich richtig losgehen. Wir starten mit dem ersten Teil und der Klärung grundlegender Fragen zu dem Rahmen, in dem sich Unternehmen und Führungskräfte bewegen: Was ist Sinn und Zweck von Strategien? Was macht eine gute Strategie aus? Warum bedingt die digitale Transformation neue Paradigmen für Strategieentwicklung und deren Umsetzung? Wie kann ein agiler Ansatz bei der Bewältigung der anstehenden Herausforderungen helfen?

3 Der Rahmen strategischen Handelns

Für ein gutes Verständnis von Zusammenhängen ist es grundsätzlich hilfreich, Herkunft und Vergangenheit gut zu verstehen und die Gegenwart aufmerksam zu betrachten, um eine mögliche Zukunft besser ausgestalten zu können. Das Wort *Strategie* [stratēgía] entstammt dem Griechischen und bedeutet so viel wie *Feldherrenamt* oder *Heerführung*, womit auch die ursprüngliche und über Jahrtausende herrschende Sichtweise auf Strategie deutlich wird. Das Verständnis hat sich in der neuen Welt gewandelt und der Begriff ist schließlich im Zuge der Industrialisierung auch in der Unternehmensführung angekommen.

Die Rahmenbedingungen für strategisches Handeln im Management ändern sich jedoch rasant. Die 4. Industrielle Revolution, die Digitale Transformation, erfordert aufgrund dramatisch steigender Dynamik, Komplexität und damit verbundener Unsicherheit zukünftiger Entwicklungen andere Herangehensweisen als die letzte Industrielle Revolution der vergangenen Dekaden. Was das mit Strategie, deren Umsetzung und schließlich mit Agilität zu tun hat, wird im Folgenden geklärt.

3.1 Strategie: Feldherrenkunst und Unternehmensführung

Sind Ihnen die folgenden Aussagen vertraut?

- »Chancen multiplizieren sich, wenn man sie ergreift.«
- »Tiefes Wissen heißt, der Störung vor der Störung gewahr sein.«
- »Die größte Verwundbarkeit ist die Unwissenheit.«

Diese Aphorismen stammen nicht etwa aus zeitgenössischer Ratgeberliteratur. Es handelt sich dabei um mehr als 2500 Jahre alte Auszüge aus dem Werk »Die Kunst des Krieges« des chinesischen Generals Sunzi. Dieser beschreibt in 13 Kapiteln und 68 Thesen, wie Kriegsführung strategisch anzugehen ist. Sunzis Credo lautet: »Über Sieg oder Niederlage im Krieg entscheidet einzig die Strategie.« Seine Gedanken sollen u. a. Napoleon, Mao, Henry Kissinger und diverse CIA-Mitarbeitende inspiriert und geleitet haben; es ist nicht übertrieben, Sunzi einen Strategie-Klassiker zu nennen. Ein Beispiel: Laut Sunzi verändert sich eine Schlacht ständig. Feldherren sollten jede Situation stets aufmerksam beobachten, neu bewerten und bisherige Handlungsmuster gegebenenfalls anpassen. Dafür ist ein dauernder Informationsfluss aus verlässlichen Quellen notwendig.

Für Strategie und Strategieumsetzung lässt sich dies folgendermaßen übersetzen: Beobachten Sie permanent Ihr Marktsegment und behalten Sie Ihre Zielgruppe fest im Auge, identifizieren und nutzen Sie dafür wichtige Informationsquellen (Sunzi empfiehlt Spionage ...). Auch die großen deutschen Militärstrategen des 19. Jahrhunderts, Carl von Clausewitz und Helmuth von Moltke, folgten Sunzis Lehre von Strategie und Taktik. Bis heute schätzen viele Manager im ostasiatischen Raum Sunzi als Standardlektüre. Zusammen mit den Schriften von Clausewitz‹ und von Moltkes ist er nach wie vor Teil der betriebswirtschaftlichen Curricula an Business Schools. Auch viele Redewendungen der Wirtschaft haben ihren Ursprung in der Sprache des Militärs: Märkte sind zu erobern und Wettbewerber als Gegner zu besiegen oder sogar feindlich zu übernehmen, das Geld dafür kommt aus der Kriegskasse, die eigene Schlagkraft soll gestärkt, Produkte sollen positioniert werden.

Wie die Strategie in die Unternehmen kam

Ausgehend von Sunzi fand man Strategie und Taktik bis ins 19. Jahrhundert ausschließlich im militärischen Kontext. Die ersten Unternehmen und Konzerne der frühen Industrialisierung, also der 1. Industriellen Revolution, kamen weitgehend ohne Strategieverständnis im heutigen Sinne aus: Implizit war ihr Vorgehen schlicht auf Gewinnmaximierung und Produktivitätssteigerung ausgerichtet, getragen durch Massenproduktion mittels Zusammenarbeit von Menschen und Maschinen. Zu Beginn des 20. Jahrhunderts prägte der amerikanische Ingenieur Frederick Taylor ein wissenschaftliches Verständnis von Produktivität. Taylor beschrieb außerdem den Begriff und die Bedeutung von Management als Unternehmensführung und legte den Grundstein dafür, Arbeitsabläufe zu optimieren und zu automatisieren. Beides bildete schließlich den Kern und die Basis der 2. Industriellen Revolution. Die Unternehmen wuchsen in dieser Zeit rasant, kannten aber noch immer keine Strategieentwicklung oder hatten gar Abteilungen für die strukturierte Planung ihres zukünftigen Geschäfts.

Das änderte sich erst nach dem Zweiten Weltkrieg. Mit dem Wirtschaftswunder wurde Strategieentwicklung zum zentralen Element geplanter Unternehmensentwicklung und unternehmerischen Vorgehens. Insbesondere die Einführung und Nutzung von Computern zur Prozessoptimierung als Treiber der 3. Industriellen Revolution und das damit einhergehende starke Wirtschaftswachstum seit den 1940er Jahren zwang die Unternehmen dazu, den Einsatz ihrer Ressourcen besser zu koordinieren. Man implementierte ein *Corporate Planning*, um die Vielfalt und Komplexität unternehmerischer Entscheidungen durch Planung und Strategie greifbarer zu machen, und würdigte letztere als planerische Unterstützung des Wachstums, außerdem als Instrument zum Gewinnen von Marktanteilen. In dieser Zeit tauchte der Strategiebegriff erstmals im unternehmerischen Kontext auf, behielt aber seinen deutlichen Bezug zum militärischen Strategieverständnis.

Eine gute Strategie gilt als Grundlage dafür, den Gegner zu besiegen: Auch bei Brettspielen wie Go oder Schach ist ein entsprechendes strategisches Handeln gefragt. Diese Verknüpfung prägte das Verständnis der Rolle und Bedeutung unternehmerischer Strategien in der Zeit ihrer Entstehung. Was Spielstrategien und Entscheidungsverhalten im ökonomischen Kontext miteinander zu tun haben, zeigen der

Mathematiker John von Neumann und der Ökonom Oscar Morgenstern in ihrem Buch »Theory of Games and Economic Behavior«. Seit den 1950er Jahren gilt das Buch als Grundlage der Strategieentwicklung in Unternehmen. Viele der auch heute noch eingesetzten Strategieentwicklungstools wie die Ansoff-Matrix[1], die SWOT-Analyse[2], das Erfahrungskurven-Konzept[3], die Boston-Portfolio-Darstellung[4], die Szenariotechnik[5] oder das Postulat, dass die Struktur der Strategie zu folgen hat[6], stammen aus den 1950er und 1960er Jahren. Sie entstanden vor dem Eindruck eines scheinbar stabilen Wachstums, das langfristige Planbarkeit und Prognosen implizierte. Mittels verschiedener Techniken sollten diese möglichst präzise erstellt werden, wodurch Strategieentwicklung unausweichlich wurde. Seither hat sie einen festen Platz: einerseits in der Betriebswirtschaftslehre als wissenschaftliche Disziplin, andererseits in den meisten Unternehmen als Aufgabe, Anforderung und Methode, den unternehmerischen Erfolg und wesentliche Entscheidungen abzusichern.

Die Veränderungen des ökonomischen Umfeldes durch neue Kundenansprüche und Technologien sowie einem veränderten Wettbewerb spiegeln sich seitdem auch in der Rolle und der Ausprägung strategischer Planung in den Unternehmen wider. Strategieabteilungen wachsen genauso wie die Nachfrage nach Strategieberatern als essenzielle Unterstützung zur Unternehmensführung. Wenn es in den vergangenen 60 Jahren darum ging, langfristige Unternehmensziele festzulegen und zu erreichen, standen bei dem Management hinsichtlich Strategieentwicklung und Planung Schlagworte und Konzepte wie Wettbewerbsvorteil, Kernkompetenzen, Strategisches Management, Shareholder Value, Lean Management, Six Sigma, Tipping Point oder Blue Ocean im Mittelpunkt. Dabei lag der Fokus der Diskussion in der Regel auf der Strategieentwicklung selbst, während man die Strategieumsetzung meist einfach an die operative Organisation delegierte. Häufig galt der Leitsatz: War die Strategie erfolgreich, ist es eine gute Strategie, war sie nicht erfolgreich, wurde sie mangelhaft umgesetzt.

Seit den 1990er Jahren nehmen Dynamik und Komplexität in der Wirtschaft vor allem durch Globalisierung und Digitalisierung stark zu. Die Leitsätze und bewährten Vorgehensweisen des 20. Jahrhunderts genügen immer weniger, um die neuen Herausforderungen erfolgreich bewältigen zu können. Strategie und Unternehmensführung

1 Die Ansoff-Matrix ist eine Darstellung, in der Markt- und Produktentwicklung zueinander in ein Verhältnis gesetzt werden.

2 Bei der SWOT Analyse handelt es sich um die Betrachtung von Stärken und Schwächen sowie Chancen und Risiken eines Unternehmens und dessen Umwelt.

3 Das Konzept der Erfahrungskurve besagt, dass die Produktivität mit dem Grad der Arbeitsteilung steigt.

4 Die Boston-Portfolio-Matrix ist eine Marktanteil-/Marktwachstumsdarstellung zur Beschreibung der Marktattraktivität bezogen auf die passenden Produkte und Geschäftsbereiche.

5 Die Szenariotechnik basiert auf einer hypothetischen Folge von Ereignissen, um auf mögliche Prozessmuster und Entscheidungsmomente aufmerksam zu machen.

6 Der Managementtheoretiker Alfred Chandler untersuchte den Zusammenhang von Strategie und Organisationsstruktur und prägte dieses Postulat.

in Form einer langfristigen Planung und deren operative Umsetzung als zwei nur lose gekoppelte, lineare Prozesse führen im Ergebnis oft nicht mehr zu den gewohnten oder erhofften Erfolgen. Vor allem in der digitalen Industrie – IT, Telekommunikation und Medien – machen schnelle technologische Umbrüche die Grenzen bisherigen strategischen Vorgehens deutlich. Dabei wird offenkundig, dass strategische Planung sowie deren Umsetzung häufig eben doch nur eine weitgehende Fortschreibung der Vergangenheit beinhaltete.

Der renommierte Strategie-Professor Henry Mintzberg zeigte diesbezüglich 1994 in seinem Buch »The Rise and Fall of Strategic Planning«, dass sich Umfeld und Märkte mittlerweile zu schnell verändern und deshalb nicht mehr mit den Methoden der vergangenen Dekaden bearbeitet werden können. Er betonte die große Bedeutung des iterativen Wechselspiels von Strategieentwicklung und -implementierung und wies auf die damit verbundenen Lerneffekte und Adaptionsmöglichkeiten hin.

Viele der tradierten Tools können aber durchaus nach wie vor sehr hilfreich sein. Allerdings weniger als Grundlage für längerfristige Planung – wofür sie in der Vergangenheit vor allem eingesetzt wurden –, sondern mehr als Instrumente zur Bestandsaufnahme, zur differenzierten Auseinandersetzung mit einer unsicheren Zukunft und einer engen Kopplung zwischen der Strategie sowie deren Weiterentwicklung und Umsetzung, um flexibel auf Unerwartetes reagieren zu können.

Schauen wir daher in der nachfolgenden Übung kurz auf einige dieser strategischen Instrumente, die sich in den letzten Jahrzehnten bewährt haben und die immer noch in bestimmten Fällen sinnvoll sind. Es geht hier vor allem darum, Ihr Hintergrundwissen zu strategischen Tools im Zusammenhang mit Ihren Erfahrungen zu beleuchten.

Übung 2: Strategische Tools (ca. 30 min)

Mit der folgenden Übung betrachten Sie Ihre bisherigen Kenntnisse und Erfahrungen mit klassischen strategischen Tools. Es geht dabei um eine persönliche Einschätzung Ihres Blickwinkels aus der Praxis darauf.

Welche der folgenden strategischen Tools sind Ihnen bekannt?

	Kenne ich nicht	Kenne ich	Schon mit gearbeitet
PEST-Analyse	☐	☐	☐
Five-Forces-Analyse	☐	☐	☐
Branchenanalyse	☐	☐	☐

	Kenne ich nicht	Kenne ich	Schon mit gearbeitet
Lebenszyklusanalyse	☐	☐	☐
Erfahrungskurvenanalyse	☐	☐	☐
Portfolioanalyse	☐	☐	☐
Szenarioanalyse	☐	☐	☐
Stärken-Schwächen-Profil	☐	☐	☐
SWOT-Analyse	☐	☐	☐
Wertkettenanalyse	☐	☐	☐

Fragebogenübung zu strategischen Tools

Retrospektive

Wenn Ihnen eines oder mehrere dieser Tools bekannt sind:

1. Wie hilfreich waren sie, wie hilfreich können sie zukünftig sein?
2. Was sind die Stärken, aber auch die Grenzen dieser Tools aus Ihrer Sicht?
3. Wie hilfreich sind diese Tools für Analyse und Umsetzung?

Wenn Ihnen keines oder wenige der genannten Tools bekannt sind, kennen Sie bestimmt andere strategische Methoden:

1. Mit welchen anderen Tools haben Sie bislang strategisch gearbeitet?
2. Wie hilfreich waren diese Tools, wie hilfreich können sie zukünftig sein?
3. Was sind die Stärken, aber auch die Grenzen dieser Tools aus Ihrer Sicht?
4. Wie gut sind diese anderen Tools nach Ihrer Einschätzung für Analyse und Umsetzung?

Resümee

Was hat Sie bei dieser Übung überrascht oder verwundert, was war interessant, hilfreich, was stimmt nachdenklich? Notieren Sie Ihre drei wichtigsten Erkenntnisse dieser Übung!

3.2 Was ist denn nun eine Strategie?

Was assoziieren Sie persönlich mit dem Begriff *Strategie* in Ihrem betrieblichen Alltag, unabhängig von Militär, Spieltheorie und strategischen Tools? Für die meisten bedeutet dieser Begriff Zukunftsplanung, die Suche nach Wettbewerbsvorteilen, Analysen; er beinhaltet Visionen, Ziele und Leitlinien, vielleicht aber auch abgehobene Ziele und unrealistische Zukunftsbilder.

Und was verbinden Sie mit dem Begriff *Strategieumsetzung*? Sie bringen damit vermutlich meist Projekte, Maßnahmen- und Restrukturierungsprogramme, vielleicht bürokratische Prozesse oder abenteuerliche Projekte weitab vom Kerngeschäft in Verbindung, manche begreifen die Strategieumsetzung sogar als Zeitverschwendung. In meiner beruflichen Laufbahn – als Verantwortlicher für Strategieentwicklung, umsetzungsverantwortlicher Manager, Geschäftsführer, Projektmanager für strategische Initiativen und als Berater – habe ich unzählige Beschreibungen von Strategie und Strategieumsetzung kennengelernt. Aus Erfahrung weiß ich, und das werden Sie bestätigen können: Die Entwicklung und Umsetzung von Strategien gehören zu den größten Herausforderungen im Führungsalltag.

Untersuchungen zeigen, dass ein Großteil der Strategieimplementierungen in Unternehmen scheitert. Bis heute wird häufig eine mangelhafte Umsetzung als Ursache dafür gesehen, weniger die Strategie oder der Strategieentwicklungsprozess selbst. Angesichts dessen suchen viele CEOs, Führungskräfte und strategische Projektleiter nach dem Geheimnis der perfekten Umsetzung von Strategien; die Frustration darüber, dass strategische Initiativen oft nicht wie gewünscht laufen, ist groß. Schnell werden dann Silo-Denken, das mittlere Management, mangelhafte Motivation der Mitarbeitenden oder entscheidungsschwache Top-Manager als Hindernisse ausgemacht. Natürlich können diese Einflussgrößen im Einzelfall eine Rolle spielen. Zugleich können, bei genauerer Betrachtung, noch viele andere Aspekte relevant sein. Das Umfeld und Herausforderungen wie Globalisierung, Plattform-Ökonomie und die Digitale Transformation machen Strategieumsetzungen anspruchsvoller. Angesichts dessen geht es auch immer um die Frage, wie Organisationen, Teams und wie Sie selbst damit umgehen.

Um dies zu beantworten, sollten wir nochmals einen Schritt zurückgehen und zunächst die Frage klären: Was ist denn nun überhaupt eine Strategie? Was war Ihre Antwort auf diese zu Beginn des Kapitels gestellte Frage, in wenigen Sätzen oder in einem Satz? Wäre dies auch die Antwort Ihres Kollegen, Ihrer Mitarbeiterin, Ihrer Chefin? Vermutlich nicht. Auch in der betriebswirtschaftlichen Fach- oder in der Beraterliteratur findet sich kein einheitliches Verständnis des Strategiebegriffs.

Die Strategie ist Entscheidungshilfe für die Umsetzung

Lassen Sie mich daher hier eine pragmatische Definition zugrunde legen, die sich in der Praxis als hilfreich erwiesen hat: Sie rückt in den Fokus, dass jede Strategie auf einem Leitbild basiert, welches in der Regel eine Vision (»Wozu sind wir da?«, vermittelt eine Bedeutung) und Mission (»Was ist unser Geschäftsauftrag?«, vermittelt einen Zweck) beinhaltet. Beides hat richtungsweisenden Charakter, also wo es hingehen und was den langfristigen Erfolg sichern soll. Die Vision von Amazon ist beispielsweise: »Amazon's vision is to be earth's most customer centric company.« Die dazugehörige Mission lautet: »We build a place where people can come to find and discover anything they might want to buy online.« Die *Strategie* selbst beschreibt nun den Weg und seine Leitplanken in Richtung einer erfolgreichen Zukunft. Sie hilft dabei, das Leitbild nicht aus den Augen zu verlieren und an Wegegabelungen die richtige Richtung einzuschlagen. Dazu können noch strategische Ziele als Wegemarken definiert werden. Die *Strategieumsetzung* ist schließlich die operative Ausgestaltung, wie dieser Weg gegangen wird.

Entscheidend dabei ist, und das ist ein häufiger blinder Fleck in der Definition von Strategie bzw. Strategieumsetzung: Dieser Weg ist in der Regel mit großer Unsicherheit behaftet. Die Zukunft wird in der Strategie zwar versucht zu antizipieren, sie muss aber eben nicht so eintreffen. Die Strategie beschreibt also den Weg in eine unsichere Zukunft, die Umsetzung erfolgt unter großer Unsicherheit. Im Unternehmensalltag und in der Strategieimplementierung dient die Strategie damit vor allem dazu, zielführend und effizient Entscheidungen unter Unsicherheit zu priorisieren. Der große Managementvordenker Peter. F. Drucker definierte Strategie und deren Umsetzung schlicht mit »... the continuous process of making present entrepreneurial (risk-taking) decisions.« Die Strategie war in seinem Verständnis der Rahmen für Entscheidungen, die bezogen auf eine unsichere, aber gewünschte, erfolgreiche Zukunft getroffen und in einem Prozess der ständigen Überprüfung hinterfragt und korrigiert werden. Die Entscheidungen schließlich sind die Basis für die Umsetzung, die – nach Drucker – vor allem Antworten auf folgende Fragen geben: »What new and different things do we have to do, and when?«

Abb. 5: Übersicht zu Leitbild und Strategie

Strategieumsetzung benötigt einen Entscheidungsrahmen

Strategien lassen sich nicht nur für Unternehmen, sondern auch für einzelne Funktionsbereiche oder Abteilungen entwickeln und umsetzen. Ich habe mir in meinen Führungspositionen immer wieder die Fragen gestellt, mit der mich in meiner heutigen Beratertätigkeit auch viele meiner Klienten konfrontieren: Wie setze ich als Führungskraft die übergeordnete Strategie am besten um? Wie gestalte ich meine Bereichs- oder Abteilungsstrategie so, dass sie zur Unternehmensstrategie passt? Egal, in welchen unternehmerischen oder organisationalen Kontexten Sie tätig sind – in einem Konzern oder kleinen Unternehmen, als Vertriebsleiterin, Betriebsverantwortlicher oder Controllerin –, Sie können eine Bereichs- bzw. Abteilungsstrategie entwickeln und umsetzen, die in der Unternehmensstrategie berücksichtigt wird, bestenfalls ein Teil von ihr ist. Dafür benötigen Sie auch für Ihren Verantwortungsbereich eine Vision, eine Mission, Leitplanken und Wegmarken, um Ihren Beitrag zum langfristigen Unternehmenserfolg zu leisten.

! **Gelungene Strategieumsetzung für den eigenen Verantwortungsbereich**

Bei einem meiner Kunden, einem großen deutschen Discounter, hat der Leiter Immobilien seine Bereichsstrategie intuitiv annähernd mustergültig entwickelt und umgesetzt: Seine Vision (»Wir prägen das modern-freundliche Erscheinungsbild unseres Unternehmens vor Ort für unsere Kunden.«) und sein Geschäftsauftrag (»Wir entwickeln und gestalten unsere Facilities mit dem besten Preis-/Leistungsverhältnis.«) waren die Basis für strategische Leitplanken, die er in Form von wenigen Postulaten unter Einbeziehung seiner relevanten Stakeholder entwickelt und an der Unternehmensstrategie orientiert hat. Mittelfristige strategische Ziele hat er mit der Unternehmensplanung und auch mit betroffenen Nachbarbereichen abgestimmt und unterjährig auf operative Ziele heruntergebrochen. Den Prozess der Überprüfung, Weiterentwicklung und Umsetzung gestaltete er fließend, d. h., Änderungen und Anpassungen fanden laufend bei Bedarf statt. Trotz der damit verbundenen, herausfordernden Arbeitsbelastung waren der Bereichsleiter und seine Mitarbeitenden hoch motiviert und engagiert. Sie kannten die Vision, Mission und Strategien, hatten damit eine klare Richtung in eine gewünschte Zukunft und so die Entscheidungsgrundlage, um mit den Widrigkeiten des Alltags und widersprüchlichen Zukunftsperspektiven umzugehen. Dazu hatte die Führungskraft gemeinsam mit ihren Mitarbeitenden die notwendigen Voraussetzungen geschaffen, auf die wir in Kapitel 4 eingehen werden.

Viele Schwierigkeiten treten im Tagesgeschäft meiner Erfahrung nach genau an diesem Punkt – der Schnittstelle zwischen Strategie und deren operativer Ausgestaltung – auf. Führungskräfte fühlen sich häufig damit allein gelassen, die Strategie adäquat für ihren Bereich zu interpretieren und entsprechend umzusetzen. Dem liegt oft das Missverständnis zugrunde, dass die Strategie die Unsicherheit reduzieren soll, unter der die Führungskraft agiert; sie wird dann meist als zu wenig konkret kritisiert. Die Strategie ist aber keine Handlungsanweisung, sondern der Rahmen für zielgerichtete Entscheidungen unter Unsicherheit. CEOs und Geschäftsführer erwarten in der Regel genau das von ihren Führungskräften: Verantwortung zu übernehmen für die Interpretation als auch die konkrete Ausgestaltung der Strategie.

Strategie ist kein Selbstzweck

Zudem sollten wir mit einem weiteren Missverständnis aufräumen: Strategieumsetzung ist keine zusätzliche Aufgabe zum Tagesgeschäft. Sie ist die operative Ausgestaltung der Unternehmensaktivitäten mit Blick auf den langfristigen Erfolg und damit

Teil des Tagesgeschäfts. Auch strategische Projektarbeit wird somit zum Tagesgeschäft. Strategieentwicklung, Strategieumsetzung, Tagesgeschäft und die Ausrichtung auf den langfristigen Erfolg sind essenziell miteinander verbunden, unabhängig davon, wie all dies in Ihrer Organisation konkret gelebt wird. Erfolgreich sein heißt, die richtigen Dinge zu tun und dabei das Risiko einzugehen, dass es nicht die richtigen Dinge sind, um sie dann wieder zu ändern. Strategieentwicklung und -umsetzung sind kein Selbstzweck, sondern bilden den Rahmen für zweckvolles, aber auch risikobehaftetes Entscheiden und Handeln.

Wenn Sie sich Gedanken darüber machen, wie Sie Ihre Umsetzungskompetenz steigern können, sollten Sie sich zunächst darüber klar werden, wie Sie Strategie und -umsetzung bezogen auf den Erfolg Ihres Verantwortungsbereichs einschätzen und bewerten.

Übung 3: Leitbild und Strategie (ca. 60 min)

Diese Übung kann Ihnen helfen, den aktuellen Stand Ihrer Strategie kurz zu analysieren. Nehmen Sie dazu als Bezugspunkt Ihre Unternehmens-, Bereichs- oder Abteilungsstrategie, je nachdem, was für Sie passend und relevant erscheint, und fragen Sie sich:

1. Was ist unsere Vision?
2. Was ist unsere Mission?
3. Was sind unsere fünf wichtigsten strategischen Kernaussagen?

Retrospektive:

- Konnten Sie diese Fragen schnell, klar und kurz beantworten?
- Wenn nicht: Was fehlt möglicherweise für eine bessere Beantwortung?
- Sind Vision und Mission, das Leitbild, aus Ihrer Sicht klar und richtungsgebend?
- Sind die strategischen Kernaussagen mehr auf Kunden, Außensicht oder Innensicht bezogen?
- Wenn Sie Ihre Kollegen oder Ihre Mitarbeitenden fragen: Würden diese Ihre Einschätzung teilen und die Fragen ähnlich wie Sie beantworten?
- Wenn Sie das Leitbild und die Kernaussagen aus Ihrer Sicht neu und besser formulieren würden: Wie würden diese dann aussehen?

Resümee

Was hat Sie bei dieser Übung überrascht oder verwundert, was war interessant, hilfreich, was stimmt nachdenklich? Notieren Sie Ihre drei wichtigsten Erkenntnisse dieser Übung!

3.3 Eine gute Strategie ist anders

Wir haben herausgearbeitet, dass die Strategie eine Zielrichtung und einen Rahmen bietet, um Entscheidungsprämissen für operatives Handeln und damit für die Strategieumsetzung zu liefern. Was jedoch macht eine gute Strategie aus? An welchen Kriterien lässt sich die Qualität einer Strategie messen? Sicherlich zählen gute interne und externe Analysen dazu, außerdem der Kundenfokus, ein mittel- und langfristiger Blick auf den Erfolg und angemessene Ziele. Ebenso gehören das Berücksichtigen von Stärken, die Kommunizierbarkeit und die Anwendbarkeit dazu, aber auch Emotionalität und die Unternehmenskultur sind relevant.

Die meisten der Qualitätskriterien werden Ihnen geläufig sein, über einige wundern Sie sich möglicherweise. Dass eine gute Strategie visionär sein sollte, scheint klar, aber muss sie wirklich Emotionen wecken und mit der Kultur des Unternehmens zusammenpassen? Ich habe Strategieverkündigungen erlebt, die sich anhörten wie Bilanzkonferenzen. Saubere Analysen und logische Schlüsse, perfekt ausgearbeitet, die aber ohne jegliche emotionale Begeisterung kalt und technokratisch wirkten.

Wenn etwas motiviert umgesetzt werden soll, hilft Begeisterung ungemein. Das lässt sich allerdings nur dann erreichen, wenn Menschen sich emotional angesprochen, berührt sowie abgeholt fühlen und wenn die Strategie in ihren wesentlichen Aussagen an die Kultur des Unternehmens oder der betroffenen Organisation angebunden wird. Für die Unternehmensstrategie eines großen Versicherungskonzerns erfolgt dies naturgemäß anders als bei einem inhabergeführten IT-Mittelständler, für den Einkauf eines Discounters anders als für die Online-Business-Organisation einer stationären Buchhandelskette.

Übung 4: Qualitative Analyse Ihrer Strategie (ca. 60 min)

In dieser Übung können Sie sich einen Überblick über die relevanten Qualitätsmerkmale Ihrer Strategie verschaffen. Nehmen Sie sich einen Augenblick Zeit, überprüfen und analysieren Sie Ihre Strategie, die Ihres Bereichs oder die Ihres Unternehmens, an deren Umsetzung Sie mitwirken oder für die Sie verantwortlich sind, anhand der folgenden Kriterien:

Die Strategie ...	Trifft vollständig zu			Trifft überhaupt nicht zu		
	6	5	4	3	2	1
... ist fachlich handwerklich sauber erarbeitet	☐	☐	☐	☐	☐	☐
... ist kundenfokussiert	☐	☐	☐	☐	☐	☐
... ist zielorientiert auf unsere langfristige Erfolgssicherung ausgelegt	☐	☐	☐	☐	☐	☐
... baut auf unseren Stärken und Kernkompetenzen auf	☐	☐	☐	☐	☐	☐
... ist leicht zu verstehen und zu kommunizieren	☐	☐	☐	☐	☐	☐
... ist visionär und emotionalisierend	☐	☐	☐	☐	☐	☐
... bezieht unsere Kultur und Mitarbeitende ein	☐	☐	☐	☐	☐	☐
... beinhaltet programmierende Maßnahmen mit Leitliniencharakter	☐	☐	☐	☐	☐	☐
... ist qualifiziert und messbar	☐	☐	☐	☐	☐	☐
... ist auf die betroffenen Organisationseinheiten anwendbar	☐	☐	☐	☐	☐	☐

Fragebogen zur qualitativen Analyse Ihrer Strategie

Mit dieser Einordung können Sie sich einen strukturierten Überblick über die qualitativen Aspekte Ihrer Strategie verschaffen. Wie sind die Ergebnisse Ihrer Einschätzung? Ist Ihre Strategie vielleicht eher aktionistisch und maßnahmenorientiert, eher analyselastig und handwerklich gut erarbeitet oder mehr sinn- und kulturorientiert?

Eine gute Strategie umfasst alle Aspekte, wenn auch in verschiedenen Ausprägungen. In der folgenden Abbildung 6 sind die notwendigen Qualitätskriterien bezogen auf diese drei Kategorien nochmals dargestellt.

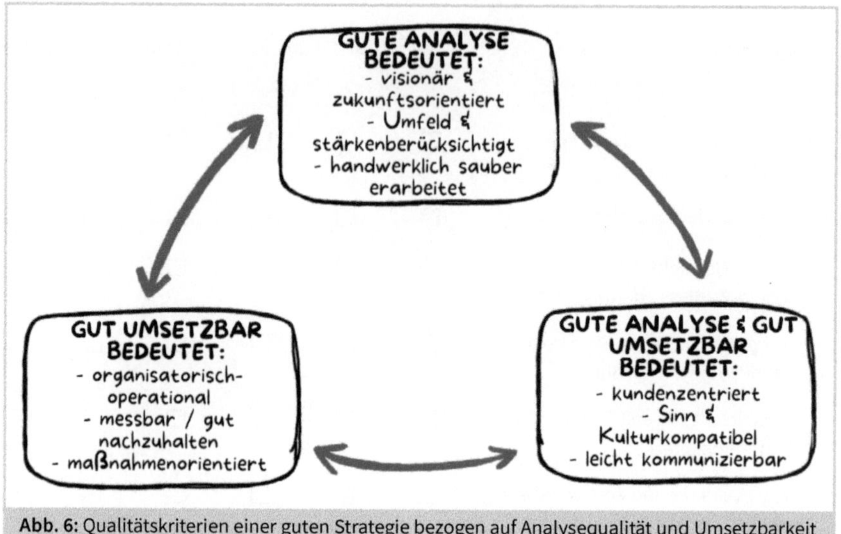

Abb. 6: Qualitätskriterien einer guten Strategie bezogen auf Analysequalität und Umsetzbarkeit

Retrospektive

- Betrachten Sie nochmals das Ergebnis Ihrer qualitativen Analyse. Wo verorten Sie sich schwerpunktmäßig? Aktionistisch, analytisch oder sinn- und kulturorientiert?
- Was ist mit Blick auf die Qualitätskriterien bei der Strategie, die Sie in der Übung zuvor betrachtet haben, in Ihrem Verantwortungsbereich besonders gut und hilfreich?
- Was fehlt aus Ihrer Sicht und sollte verändert werden?

Wenn es um Ihre eigene Strategie oder die Ihres Verantwortungsbereichs geht, lassen Sie die Einschätzung auch von Mitarbeitenden, vielleicht sogar von weiteren Stakeholdern, wie Kunden und Lieferanten, vornehmen. Die Ergebnisse dürften interessant und an einigen Stellen überraschend sein. Forcieren und nutzen Sie den Austausch, um Ihr Verständnis und Ihre Sicht auf die umzusetzende Strategie zu überprüfen und zu schärfen. Überlegen Sie, was Sie in Ihrem Verantwortungsbereich tun können, um mögliche Lücken zu schließen und die Qualität zu verbessern.

Resümee

Was hat Sie bei dieser Übung überrascht oder verwundert, was war interessant, hilfreich, was stimmt nachdenklich? Notieren Sie Ihre drei wichtigsten Erkenntnisse dieser Übung!

Im Rahmen meiner praktischen Arbeit habe ich ein wesentliches weiteres Kriterium ermittelt, mit dem ich sehr schnell bereits beim Überfliegen der Strategieunterlagen oder nach wenigen Strategieerläuterungen eine erste Qualitätseinschätzung treffen kann. Dieses Kriterium steht so in keinem Strategiebuch und ist sehr einfach:

Würde Ihre Strategie auch für einen Ihrer Wettbewerber passen?

Wenn Sie diese Frage mit *Ja* beantworten, kann Ihre Strategie von vornherein nur befriedigend bis mangelhaft sein. Warum? Weil eine gute Strategie immer auf langfristigen Erfolg durch Alleinstellung bei Kunden und weiteren Stakeholdern ausgelegt ist. Dabei ist es wichtig, dass das Kundenverständnis nochmals klargestellt wird. Ein Kunde sollte für Sie nicht einfach nur eine externe, zahlende Person, Firma oder Institution sein. Für Sie ist ein Kunde einfach jemand, für den Sie Ihre Leistung mit einem bestimmten, auf diesen gerichteten Nutzen erbringen. Sie berücksichtigen seine Herangehensweisen bei Ihrer Leistungserbringung, weil *seine* Probleme gelöst werden, *sein* Denken verbessert und *seine* Performance in gewisser Hinsicht *verschönert* werden sollen.

Wenn Ihre Strategie auch für Wettbewerber gelten könnte, ist selbst bei guter Umsetzung kein Alleinstellungsmerkmal und damit keine führende Position erreichbar.

3.4 Alte Welt und Neue Welt

In Kapitel 3.1 sind wir auf die Entwicklung und die unterschiedlichen Phasen des Strategieverständnisses für die Unternehmensführung seit dem 19. Jahrhundert eingegangen. Die Entwicklung des strategischen Handelns lief Hand-in-Hand mit der Entwicklung modernen Wirtschaftens und findet seine Einordnung in den Leitbildern der 1. Industriellen Revolution bis zur 3. Industriellen Revolution. Seit den 90er Jahren bahnt sich ein erneuter Paradigmenwechsel an – ein neues Leitbild der Informations- oder auch Datengesellschaft. Das hängt vor allem damit zusammen, dass der Besitz und der Umgang mit Informationen und Daten mittlerweile als wichtigstes wirtschaftliches Gut eingeschätzt werden. Kennzeichnend für diese Welt ist, dass digitale Technologien nicht mehr nur wie bisher vor allem zur Produktivitätssteigerung genutzt, sondern digitale Abläufe und Arbeitsweisen sowohl für Privatleute als auch für Unternehmen oder Organisationen grundlegend verändert werden. Das heißt vor allem, dass auf Basis neuer Technologien hauptsächlich Geschäftsmodelle, Produktionsverfahren, Lieferketten, Kundenbeziehungen und damit Märkte in einer bisher nicht gekannten Dynamik signifikante Veränderungen erfahren. Der damit einsetzende gravierende Wandel wird die 4. Industrielle Revolution, Digitale Transformation oder verkürzt auf Fertigungs- und Logistikprozesse auch Industrie 4.0 genannt.

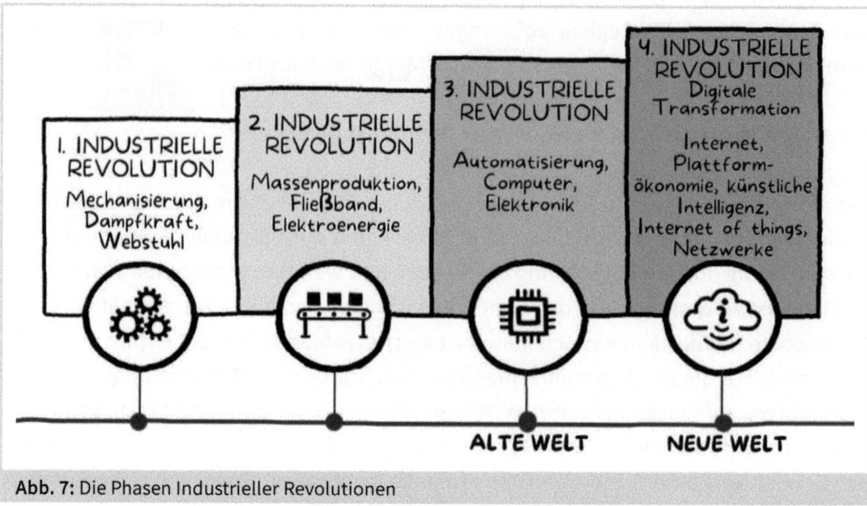

Abb. 7: Die Phasen Industrieller Revolutionen

Was bedeutet dieser Wandel für die Strategieentwicklung und -umsetzung mit all seinen Konsequenzen im betrieblichen Alltag?

Der klassische Strategieentwicklungs- und -umsetzungsprozess sieht, trotz verschiedener Trends und ökonomischer Entwicklungen, seit den 1950er Jahren in etwa so aus: Zunächst werden, meist von Strategieabteilungen oder Beraterinnen, die Ist-Situation und die Zukunft präzise analysiert und aufwändig prognostiziert (etwa mit Hilfe einer SWOT-Analyse), um dann strategische Optionen zu entwickeln (etwa durch eine Ansoff-Matrix). Darauf basierend werden anschließend durch das Management Leitlinien, Ziele und die Strategie festgelegt (beispielsweise eine Portfolio-Strategie), ein kleinteiliger Umsetzungsplan in die hierarchisch geprägte Organisation zur Umsetzung delegiert und jährlich die Zielerreichung überprüft. Im Laufe der Zeit sind einige Anpassungen und Tools hinzugekommen, das Grundmuster linearen Vorgehens ist in vielen Unternehmen jedoch bis heute immer noch das gleiche.

Abb. 8: Klassischer linearer Strategieentwicklungsprozess

Diese Vorgehensweise basierte wie bereits benannt vor allem auf der Annahme, dass die Umwelt sich nicht signifikant verändert und Zukunft damit planbar, d.h. in ihrer Unsicherheit überschaubar und durch Prognosen weitgehend vorhersagbar ist. Für viele Branchen und Unternehmen traf das auch zu. Durch die zunehmende Dynamik z.B. durch neue Technologien und die weltweite wirtschaftliche Vernetzung hat das Maß der Unsicherheit gegenüber zukünftigen Entwicklungen drastisch zugenommen. Es ist immer weniger möglich, die Zukunft von Organisationen wirklich zu *planen*. Die heutige Entwicklung sowie das Zusammenspiel von Markt, Kunden, Produkten und Technologie unterscheiden sich nicht graduell, sondern signifikant von der Welt vor einigen Dekaden, die zum Paradigma der Industrie 3.0 geführt hat.

Langfristige strategische Planung nicht mehr sinnvoll

Der lineare Strategieentwicklungsprozess und der Markt !

In meiner Zeit als Strategieverantwortlicher bei der Deutschen Telekom haben wir Mitte der 1990er Jahre, in Vorbereitung für den Börsengang, einen strategischen Zehnjahresplan aufgestellt. Die Planung dauerte ein Jahr und folgte dem linearen Strategieentwicklungsprozess. Es wurde eine Vielzahl von Marktanalysen, Abstimmungen mit Experten und Strategiesitzungen durchgeführt, um ein detailliertes Zukunftsbild und die weitere Entwicklung der Deutschen Telekom beschreiben zu können. Auch wenn zur Unternehmenswertberechnung und für den Börsengang eine derart detaillierte Planung notwendig schien, zeigte sich bereits nach kurzer Zeit der Anachronismus eines solchen Vorgehens. Die Marktentwicklung machte dem Plan schon nach wenigen Monaten, insbesondere durch den kurzfristigen Fall des Telefon- und Übertragungswegemonopols, einen Strich durch die Rechnung.

Dass langfristiges Planen und Prognostizieren heute kaum noch möglich sind, liegt vor allem an der zunehmenden Veränderungsgeschwindigkeit des Umfeldes seit den 1990er Jahren. Anders ausgedrückt: Wenn die Strategie den Weg beschreibt, Landschaft und Wetter sich aber immer häufiger ändern und zudem noch gänzlich unbekanntes Gelände betreten wird, lässt sich die Wegbeschreibung nicht mehr so detailliert wie gewohnt machen. Genau genommen verändert sich auch noch das Gelände, während es beschritten wird.

Die Unsicherheit bezüglich zukünftiger Entwicklungen steigt schlicht dramatisch an. Die Anzahl der entscheidungsrelevanten Faktoren bei Kunden, Wettbewerbern, Technologie, Lieferanten, Regulierung, Globalisierung usw. nimmt sehr stark zu. Gleichzeitig verändern sich diese Faktoren in ihrer Ausprägung. Diese hohe Veränderungsgeschwindigkeit der relevanten Umwelt erleben wir dann als Dynamik und Komplexität oder auch als VUCA-Welt (Volatility/Volatilität› Uncertainty/Unsicherheit› Complexity/Komplexität› Ambiguity/Ambiguität).

Die mit der hohen Veränderungsgeschwindigkeit verbundenen Herausforderungen der VUCA-Welt sind in vielen Branchen angekommen, zu ihrer Bewältigung stehen jedoch in der Regel nach wie vor nur die Strategiewerkzeuge und das Strategieverständnis der 3. Industriellen Revolution zur Verfügung. Es wird sequenziell analysiert, geplant, prognostiziert und organisiert; je genauer, desto besser. Aber: Während ein Unternehmen mit der Umsetzung beginnt, hat sich die Welt leider schon wieder verändert. Das erleben wir dann meist als Scheitern der Strategieumsetzung. Der Anpassungsprozess misslingt, schlimmstenfalls gerät das Unternehmen in eine existenzielle Krise. Die Unternehmensberatung Deloitte brachte beispielsweise 2014 eine Studie zur sogenannten *Disruption* heraus, in der mithilfe der Metaphern »kurze und lange Lunte« sowie »großer und kleiner Knall« die Digitalisierungseffekte im Zeitverlauf untersucht wurden (siehe folgende Abbildung 9[7]):

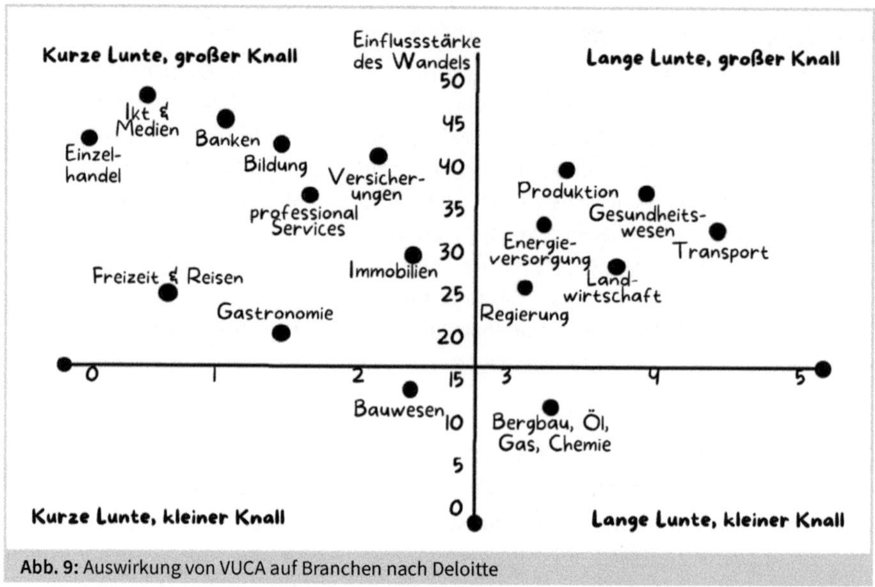

Abb. 9: Auswirkung von VUCA auf Branchen nach Deloitte

! **Von der Weltmarke in die Bedeutungslosigkeit**

Ein Rückblick auf die vergangenen 20 Jahre fördert einige anschauliche Beispiele missglückter Strategien und Strategieumsetzungen zutage. Wussten Sie etwa, dass Kodak die Digitalfotografie erfunden hat? Kennen Sie die Marke überhaupt noch? In ihrem Kerngeschäft, der Herstellung von analogen Fotoapparaten, Filmen und Bildmaterial, war die Firma von den 1970er bis zu den 1990er Jahren Markführer. Kodaks Strategie war darauf ausgerichtet, dieses Kerngeschäft zu schützen und gleichzeitig wettbewerbsfähiger zu gestalten. So setzte man vor allem darauf, die analoge Qualität immer mehr zu verbessern. Das Unternehmen be-

7 https://www2.deloitte.com/de/de/pages/technology/articles/survival-through-digital-leadership.html, eigene Darstellung.

fand sich in einem klassischen *Innovators Dilemma*: Es hätte sein traditionelles Kerngeschäft durch die Weiterentwicklung innovativer Digitalfotografie selbst substituieren müssen. 2012 meldete Kodak Insolvenz an, der Aktienkurs war von über 80 Dollar in den 1990er Jahren auf wenige Cent abgestürzt.
Weiteres Beispiel: Wenn Sie in Ihre Jackentasche greifen, holen Sie vermutlich kein Smartphone der Marke Nokia hervor. Dabei hat das Unternehmen bereits 1996 sein erstes Smartphone, den Communicator, vorgestellt. Viele Jahre war Nokia ununterbrochen Marktführer im Bereich Mobiltelefone. Mit der Einführung des iPhone im Jahr 2007 – Nokia hatte zu dieser Zeit einen Marktanteil von 50 % – war das Schicksal des Unternehmens jedoch besiegelt. Nicht, weil das iPhone so gut war. Nokia verfügte viele Jahre über riesige F&E-Budgets und hatte bereits farbige Touch Screens entwickelt. Der Grund des Scheiterns lag mehr in der Kultur des Unternehmens und der damit verbundenen Strategie, aus der Vergangenheit in die Zukunft zu extrapolieren und keine Disruptionen zu antizipieren. Zum einen war Nokia durch seine Erfolge geradezu selbstgefällig und unsensibel gegenüber Marktveränderungen geworden (Sie erinnern sich: der Erfolg als Rauschmittel ...), zum anderen fokussierte sich das Unternehmen seit 2006 konsequent auf Kostensenkung, Effizienz und die Vermarktung von Tastentelefonen. Man hatte das Potenzial von Smartphones schlichtweg falsch eingeschätzt. 2012 war der Marktanteil von Nokia auf 3,5 % gesunken. Der Konzern hat sich mittlerweile komplett aus dem Smartphone- und Mobiltelefon-Geschäft verabschiedet und konzentriert sich auf die technische Infrastruktur von Telekommunikationsanbietern. Nokia-Telefone gibt es nur noch von Lizenznehmern.

Die genannten Beispiele sind mehr oder weniger bekannt. Wenn Sie nicht selbst direkt davon betroffen waren oder Ähnliches erlebt haben, können Sie die Dimension der Auswirkungen vermutlich nur erahnen. Wenn Sie sich jedoch vergegenwärtigen, wie sich allein Ihr privates Konsumverhalten in der kurzen Zeit seit der Einführung von iPhone und Facebook verändert hat, können Sie sich vielleicht besser eine Vorstellung vom Ausmaß der Veränderungsgeschwindigkeit machen. Vermutlich sind Sie auch in einer Branche tätig, wo gegenwärtig ähnliche Entwicklungen einsetzen oder bereits Realität sind. Möglicherweise sollen nun Strategien umgesetzt werden, damit Ihre Firma nicht wie Nokia oder Kodak endet. Könnte agiles Vorgehen, agile Strategieumsetzung eine Lösung dafür sein?

Übung 5: Wo stehen Sie zwischen Alter Welt und Neuer Welt? (ca. 30 min)

Diese Übung hilft Ihnen dabei, zu überprüfen, wo Sie mit Ihrem Unternehmen und mit Ihrem Verantwortungsbereich bezogen auf die Alte und die Neue Welt stehen.

Skizzieren Sie in Ihrem Notizbuch eine Skala von eins bis zehn: Eins markiert die Alte Welt vor der digitalen Transformation, so wie sie im vorangegangenen Kapitel beschrieben wurde. Zehn markiert die Neue Welt unter dem Eindruck der 4. Industriellen Revolution. Notieren Sie Ihre Überlegungen dazu.

1. Auf welchem Skalenwert würden Sie Ihr Unternehmen verorten?
2. Auf welchem Skalenwert würden Sie Ihren Verantwortungsbereich verorten?

Retrospektive

- Aufgrund welcher Kriterien haben Sie die Einordnungen vorgenommen?
- Warum haben Sie die Einordnungen genau so und nicht eine Stufe höher oder niedriger vorgenommen?
- Welchen Unterschied gibt es in Ihrer Einordung zwischen Ihrem Unternehmen und Ihrem Verantwortungsbereich und warum?
- Wie hätten Ihre Mitarbeitenden, Ihre Kolleginnen oder Ihr Chef die Einordnungen vorgenommen?
- Wenn diese von Ihrer Einordung abweichen würden: aus welchen Gründen?
- Welche Kriterien könnten Sie vergessen haben?
- Welche Kriterien könnten Sie noch vergessen haben?
- Was genau müsste passieren, damit Ihr Unternehmen bzw. Ihr Verantwortungsbereich eine Stufe höher rücken?

Resümee

Was hat Sie bei dieser Übung überrascht oder verwundert, was war interessant, hilfreich, was stimmt nachdenklich? Notieren Sie Ihre drei wichtigsten Erkenntnisse dieser Übung!

3.5 Agile Herangehensweise als Antwort auf die Herausforderungen der Neuen Welt

Die im vorangegangenen Kapitel beschriebenen Herausforderungen durch VUCA wirken sich im Tagesgeschäft einer Führungskraft vor allem durch immer schnellere Veränderungen, mehr Dynamik und höhere Komplexität aus. Sie werden schlicht mit einer neuen Realität konfrontiert, die weltweit das Wirken im unternehmerischen Kontext prägt: die Digitale Transformation als auch Krisen mit weltweiten Auswirkungen (Finanzkrisen, Pandemien u. ä.). Das Planen der Zukunft wird zunehmend unmöglich und zur Illusion, stattdessen geht es um aktives, iteratives und adaptives Gestalten der Zukunft. Die Konsequenz lautet: Entscheidungen müssen unter immer größerer Unsicherheit gefällt werden.

Die Strategie und deren Umsetzung sollen das langfristige Überleben, den langfristigen Erfolg des Unternehmens sicherstellen. Doch wie ist das möglich, wenn die Entwicklung aufgrund zu hoher Änderungsgeschwindigkeit nicht mehr planbar oder prognostizierbar ist? Dieser scheinbare Widerspruch lässt sich nur auflösen, wenn das alte Paradigma und der damit verbundene Grundsatz der längerfristigen Planbarkeit kontinuierlicher Veränderung durch ein neues Paradigma ersetzt wird. Eines, das mit dem Grundsatz der flexiblen Anpassungsfähigkeit an sich schnell und teilweise sprunghaft ändernde Umweltbedingungen operiert. Es geht dann nicht mehr darum, einen möglichst genauen Weg zu beschreiben, sondern ausgehend von einer vorgegebenen, groben Richtung einen gangbaren Weg zu finden, eine Bresche zu schlagen.

Disruption in der Herzkammer der deutschen Wirtschaft !

Seit der Einführung der Fließbandfertigung durch Ford befindet sich die Automobilindustrie im kontinuierlichen Veränderungsprozess und im Zustand eines stetigen Wachstums. Die IT, neue Fertigungsverfahren und die Optimierung von Zulieferketten verhalfen ihr zu drastischen Produktivitätsgewinnen, im Zuge der Globalisierung ließen sich neue Absatzmärkte erschließen. Trotz kleiner Veränderungssprünge wie CAD/CAM und Lean Manufactoring stieg die Veränderungsgeschwindigkeit aber immer nur moderat. Das Paradigma der Industrie 3.0 änderte sich über fast ein Jahrhundert nicht.

Seit einigen Jahren weist die Entwicklung jedoch deutlich in Richtung Digitale Transformation und Industrie 4.0. Die gesamte Automobilindustrie einschließlich ihrer Zulieferer befindet sich derzeit im größten Transformationsprozess seit der Ablösung des Pferdefuhrwerks. Zu den Faktoren, die bisher bei Entscheidungen berücksichtigt werden mussten, kommen unkalkulierbare Handelskriege, das nahende Ende des Verbrennungsmotors und die möglichen Alternativen wie Elektro- und Wasserstoffantriebe, das autonome Fahren, Konkurrenz durch Start-ups, neue automobile Softwareprodukte und veränderte Vertriebswege. Auch Umweltaspekte, die politischen Rahmenbedingungen, verändertes Konsumentenverhalten und der Rückgang der Nachfrage sind zu berücksichtigen. Nicht jeder einzelne Faktor, sondern Gleichzeitigkeit, Dynamik und eine damit verbundene Komplexität machen eine klassisch detaillierte, langfristige Strategieplanung de facto unmöglich.

Der Prozess, sich den Bedingungen dieser Disruption anzupassen, hat begonnen. Neben massivem Arbeitsplatzabbau in traditionellen Bereichen tobt ein Wettbewerb um hoch qualifizierte Digitalisierungsexpertinnen. Um die Anpassung trotz der hohen Veränderungsgeschwindigkeit und der damit verbundenen Ungewissheit zu bewältigen, werden neue agile Konzepte zur Umsetzung angepackt. Daimler beispielsweise bringt mit dem Projekt »Schwarmorganisation«[8] ein Fünftel der Mitarbeitenden weltweit in agile und flexible Arbeitsstrukturen. Auch VW setzt auf agiles Arbeiten: Eigenständig organisierte Teams bearbeiten Projekte, während sich Führungskräfte auf Zieldefinitionen und die Priorisierung übergeordneter Aufgabenblöcke konzentrieren sollen. Zulieferer wie Bosch und Continental stellen gleichfalls auf agile Arbeitsweisen um.

Agil bedeutet in seinem Ursprung rege und wendig, im betrieblichen Kontext wird es vor allem als Synonym für Kundenzentrierung, Antizipation von Veränderung, Flexibilität und Anpassungsfähigkeit verwendet. Unternehmen hatten, solange sie

8 Ein Projekt, mit dem weltweit agile Werte und Prinzipien gefördert und agile Methoden bei Daimler eingeführt wurden.

erfolgreich waren, schon immer diese Anpassungsfähigkeit an sich verändernde Umweltweltbedingungen gezeigt. Jedes Unternehmen, das erfolgreich im Markt agiert, ist agil und anpassungsfähig, sonst wäre es nicht erfolgreich. Weil die Veränderungsgeschwindigkeit immer mehr zunimmt, bedarf es jedoch einer neuen Qualität der Agilität. Die bisherigen Instrumente der Anpassung an Veränderungen, gerade bei der Strategieumsetzung, stoßen an ihre Grenzen. Die Softwarebranche war hier lange vor der Automobilindustrie Vorreiter und hat, angesichts der Notwendigkeit, Software schneller, besser und effizienter zu entwickeln, mit der Einführung agiler Methoden reagiert.

Nicht nur die Automobilindustrie, auch andere traditionelle Unternehmen und Konzerne passen ihr strategisches Selbstverständnis diesen neuen Herausforderungen vor dem Hintergrund existenzbedrohender Umstände an, beispielsweise die Otto Group, die Robert Bosch GmbH oder der Axel Springer Verlag. Alle drei Unternehmen sind von den Charakteristika der Alten Welt geprägt und gestalten aktiv ihre digitale Transformation, um die Herausforderungen der neuen Welt bewältigen zu können. Nicht nur richten sie das Verständnis ihres strategischen Handelns neu und auf mehr Agilität aus. Sie haben zudem eine interne tiefgreifende Kulturveränderung initiiert und sind dabei, diese umzusetzen. Dieser Wandel ist notwendig und Teil der Strategie, mit der man den Herausforderungen der digitalen Transformation begegnen will. Alle drei Unternehmen haben ihre Strategieumsetzung zum eng verzahnten, rollierenden Prozess weiterentwickelt und bedienen sich dabei agiler Methoden. Grundlage dafür war jedoch die Änderung wichtiger Prinzipien mit Blick auf zukünftige Herausforderungen. Dazu gehört beispielsweise das Verständnis von Information, der Rolle von Führungskräften und Mitarbeitenden, der Organisationsformen, der Sicht auf die Kunden oder der Zeiträume für Planung und Umsetzung. Im Ergebnis fand und findet bei allen drei Unternehmen eine tiefgreifende Veränderung der gesamten Unternehmenskultur statt.

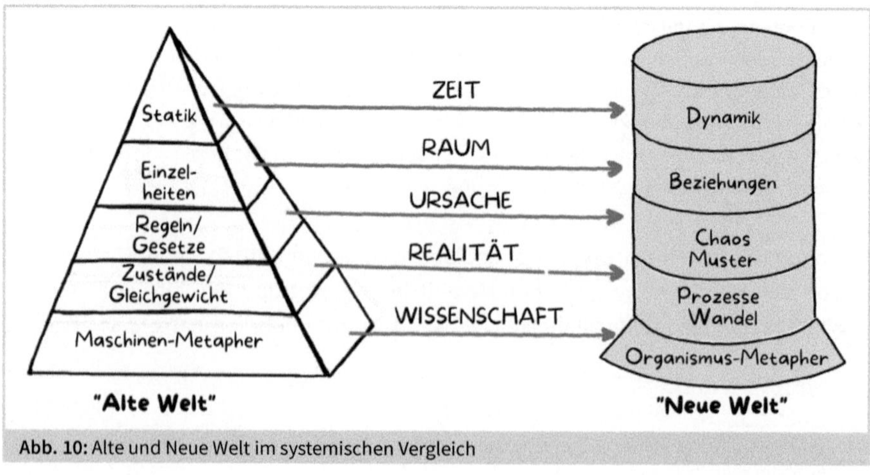

Abb. 10: Alte und Neue Welt im systemischen Vergleich

Welche Grundsätze prägen Wirtschaft und Unternehmen unter den Bedingungen der digitalen Transformation? Wie wird versucht, den Anforderungen zur Anpassung an schnelle und disruptive Veränderungen gerecht zu werden? Im Vergleich der strategischen Paradigmen der Alten und Neuen Welt lassen sich folgende Punkte ausmachen:

Vergleich strategischer Paradigmen

Die *Alte Welt* nach der letzten Industriellen Revolution	**Die *Neue Welt* unter dem Eindruck der digitalen Transformation**
Informationen sind eine knappe Ressource, auf die nur wenige Zugriff haben.	Informationen sind im Übermaß vorhanden, alle haben Zugriff darauf.
Es gibt planende, koordinierende, entscheidende Führungskräfte und umsetzende Mitarbeitende.	Die Verantwortung für Planung, Koordination und Kontrolle wird verteilt und bei Führungskräften und Mitarbeitenden gleichermaßen gesehen.
Organisationen funktionieren am besten, wenn sie hierarchisch-top-down und nach ähnlichen Tätigkeiten arbeitsteilig organisiert sind.	Organisationen funktionieren besser, wenn sie weniger hierarchisch und mehr als kommunizierende, prozessorientierte Netzwerke aufgebaut sind.
Veränderungen von Umfeld und Organisationen erfolgen vor allem kontinuierlich.	Veränderungen von Umfeld und Organisationen erfolgen weniger kontinuierlich und mehr sprunghaft.
Strategie und Planung laufen auf konkrete Ziele und den effizienten Einsatz von Menschen und Maschinen hinaus.	Strategie und Planung laufen auf grundsätzliche Zielsetzungen und iterativ-adaptives Vorgehen hinaus.
Konsumenten fällen rationale Entscheidungen.	Die Entscheidungen der Konsumenten sind irrational-verhaltensökonomisch geprägt.
Organisationen und Märkte folgen der Maschinenmetapher, d. h. dem linear-kausalen Zusammenspiel von Ursache und Wirkung.	Organisationen und Märkte folgen der biologischen Metapher, d. h. dem systemisch-nichtlinearen und selbstorganisierenden Prinzip.
Strategieentwicklung und -umsetzung ist ein mittelfristig linearer Prozess.	Strategieentwicklung und -umsetzung ist ein kurzfristig rollierender Prozess.
Der Zeitraum von strategischen Planungsprognosen umfasst 5 bis 10 Jahre.	Der Zeitraum von strategischen Planungsprognosen umfasst 1 bis 3 Jahre.
Der Zeitraum für operative Planungen beträgt 1 bis 3 Jahre.	Der Zeitraum für operative Planungen beträgt Monate bis 1 Jahr.
Der Zeitraum für strategische Entscheidungsfindungen umfasst Monate bis Jahre.	Der Zeitraum für strategische Entscheidungsfindungen umfasst Tage bis wenige Monate.

Tab. 1: Vergleich strategischer Paradigmen

Natürlich variieren die einzelnen Punkte, genauso wie die Beschreibung der Alten Welt je nach Branche und Unternehmen unterschiedlich ausfallen muss. Klar wird hier jedoch die Entwicklungsrichtung: Im Gegensatz zum linearen und tradierten Umsetzungsprozess einer Entwicklung existiert heute eine deutlich engere Verbindung zwischen Strategieentwicklung und -umsetzung in Form von Lernschleifen und stetigen Anpassungen.

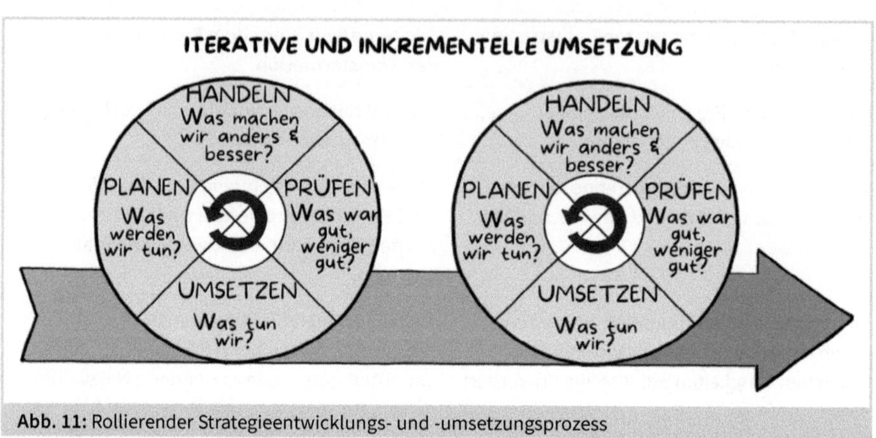

Abb. 11: Rollierender Strategieentwicklungs- und -umsetzungsprozess

Die Entwicklungen und sich ändernden Umweltbedingungen führen in ihrer Intensität zu einer tiefgreifenden Metamorphose von Unternehmen und Märkten. Wie bereits beschrieben, bilden sich neue Strukturen und Ordnungen heraus, während die alten noch vorhanden sind. Dieser Übergang macht es für tradierte Unternehmen nochmals herausfordernder, ihre Prozesse zur erfolgreichen Umsetzung von Strategien anzupassen. Der renommierte Strategieberater der Boston Consulting Group, Martin Reeves, sieht als zentrale Herausforderung für langfristigen Unternehmenserfolg die nachhaltige Entwicklung einer neuen strategischen Schlüsselkompetenz: der Adaptions- und Anpassungsfähigkeit. Nur so können Unternehmen selbst zum Treiber der Veränderung werden. Dies fordert von Unternehmen wie von Führungskräften zunehmend Beidhändigkeit: Sie haben in bisherigen Strukturen zu arbeiten, zugleich neue entwickeln und dafür sorgen, dass beides gut zusammenspielt.

In traditionellen Unternehmen ist die Seite der Optimierung und Effizienzverbesserung meist gut ausgeprägt, während bei der agilen Herangehensweise oft ein Trainingsrückstand ist. Das spiegelt sich auch in der Führung von strategischen Umsetzungsprojekten wider. Bosch hat dazu beispielsweise ein »Schieberegler-Modell« entwickelt, wie in der folgenden Grafik[9] dargestellt:

9 https://sites.google.com/site/efqmgpc2013/home/the-applicants/robert-bosch, eigene Darstellung.

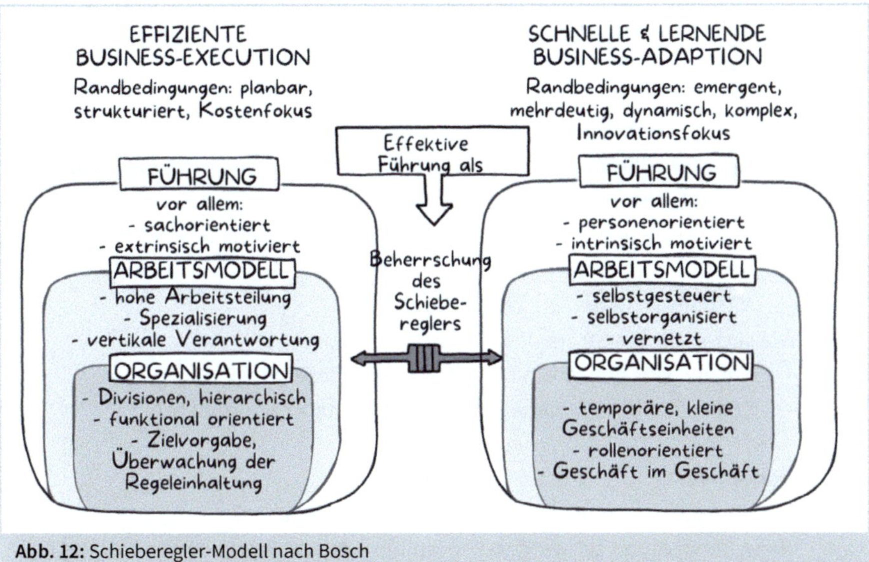

Abb. 12: Schieberegler-Modell nach Bosch

Dieses Buch behandelt im Wesentlichen die rechte Seite des Modells, um Ihre damit verbundenen Sichtweisen und Handlungsoptionen zu erweitern. Was bedeutet das eben Beschriebene für Sie als Führungskraft? Es ist notwendig und wichtig, dass Sie sehr genau Ihre aktuelle Situation analysieren und aus einer Beobachterposition auf Ihre Rolle und auf die Prozesse, in die Sie eingebunden sind, aber auch auf Ihre Gestaltungsmöglichkeiten schauen. Die folgende Übung kann Ihnen dabei helfen.

Übung 6: Analyse Ihres Strategieentwicklungs- und -umsetzungsprozesses (ca. 60 min)

Vergegenwärtigen Sie sich und analysieren Sie kurz den Strategieentwicklungs- und -umsetzungsprozess in Ihrem Unternehmen. Notieren und visualisieren Sie Ihre Gedanken dazu.

1. Beschreiben Sie in wenigen Worten den Strategieentwicklungsprozess in Ihrem Unternehmen oder in Ihrer Organisation.
   - Wer ist wofür verantwortlich?
   - Wer tut was?
   - Gibt es neben den formalen Prozessen noch relevante informale Strukturen?
2. Beschreiben Sie kurz, wie Sie in diesen Prozess eingebunden sind.
   - Was ist Ihre Rolle und Verantwortung bei der Entwicklung und Umsetzung?
   - Was dürfen, können und sollen Sie?

3. Wie beurteilen Sie den Prozess?
   - Was ist aus Ihrer Sicht unnötig oder kontraproduktiv?
   - Was ist hilfreich und zielführend?
   - Was für ein Bild könnten Sie von dem Prozess zeichnen?
4. Wie sieht Ihre Chefin, wie sehen Ihre Mitarbeitenden die Strategieentwicklung und -umsetzung in Ihrem Unternehmen?
   - Wenn diese den Prozess beschreiben sollten, welches Bild käme dann heraus?
   - Wie unterscheidet es sich von Ihrem Bild?
5. Wie setzen Sie die Strategie in Ihrem Bereich um?
   - Wie und was genau tun Sie zur Strategieumsetzung?
   - Ist dies Teil Ihrer Linienaufgabe oder zusätzlicher Projekte?

Retrospektive

- Ist Ihnen diese Übung eher leicht- oder schwergefallen?
- Wenn Ihnen etwas schwergefallen ist: Bei welchen Punkten war dies der Fall und warum war das vermutlich so?
- Wo würden Sie zuerst etwas ändern wollen: bei der Strategie oder bei der Strategieumsetzung?
- Was würden Sie wie ändern, um Strategieentwicklung und -umsetzung zielführender zu organisieren?
- Was davon können Sie in Ihrem eigenen Bereich gestalten?

Resümee

Was hat Sie bei dieser Übung überrascht oder verwundert, was war interessant, hilfreich, was stimmt nachdenklich? Notieren Sie Ihre drei wichtigsten Erkenntnisse dieser Übung!

3.6 Vom agilen Glaubensbekenntnis zur agilen Strategieumsetzung

Im vorangegangenen Kapitel wurde noch einmal deutlich, dass die Herausforderungen der 4. Industriellen Revolution maßgeblich auf die Digitalisierung zurückzuführen sind. Die Softwarebranche, als Kern der digitalen Industrie, war schon früh sowohl Treiberin und als auch Betroffene der stark zunehmenden Veränderungsgeschwindigkeit, Dynamik und Komplexität. Software entwickelte sich für die allermeisten Unternehmen von einem unterstützenden Werkzeug zu einem zentralen und erfolgskritischen Faktor zur Gestaltung neuer Geschäftsmodelle. Gleichzeitig führten die schnellen technologischen Veränderungen zu immer kürzeren Planungs- und Produktzyklen. Die bis dahin bewährten Verfahren des Projektmanagements kamen zunehmend an ihre Grenzen. Neue Ansätze und Methoden waren notwendig, um den

Herausforderungen effektiver und effizienter begegnen zu können. Man fand diese Ansätze schließlich; sie prägen heute Management, Führung, Strategieentwicklung und -umsetzung. Um diese entscheidenden Prinzipien als Antwort auf die Herausforderungen der digitalen Transformation zu verdeutlichen, schlagen wir im Folgenden den Bogen zu den Grundgedanken agiler Strategieumsetzung, die sich stark an der agilen Herangehensweise in der Softwareentwicklung orientieren.

Das Agile Manifest !

Es ist ein kalter Winter im Jahr 2001 in den Rocky Mountains. In einem Ski-Ressort nicht weit von Salt Lake City treffen sich siebzehn der wichtigsten und besten Software-Entwickler Nordamerikas zu einem dreitägigen Retreat. Ihr Ziel (neben gemeinsamem Skifahren): vor dem Hintergrund der hohen Dynamik und Komplexität im IT-Umfeld einen grundlegenden Ansatz zu erarbeiten, um die Softwareentwicklung besser, schneller und flexibler zu machen. Das Ergebnis der drei Tage: das Agile Manifest, ein dreiseitiges Papier mit einigen für die damalige Zeit durchaus bahnbrechenden Kernaussagen. Die darin festgeschriebenen Werte und Prinzipien werden die Welt der Softwareentwicklung in den folgenden Jahren revolutionieren.

Seit den 1980er Jahren erforderte der Einsatz von Software in Unternehmen deutlich mehr Flexibilität, Effizienz und Qualität. Mit dem Agilen Manifest begründeten die Verfasser komplett neue Leitlinien zur Entwicklung von Software. Die zugehörigen Methoden heißen Scrum, Lean Startup oder Scaled Agile Framework. Neu an ihnen war vor allem die Art und Weise des Selbstverständnisses bezogen auf Führung und Zusammenarbeit, den Erfolg, die Kundensicht und den Umgang mit Veränderungen. Mittlerweile arbeiten praktisch alle Softwareunternehmen mit diesen Methoden, allen voran digitale Disruptoren wie Apple, Google, Facebook oder Spotify sowie unzählige Start-up-Unternehmen.

Ein Auszug aus dem Agilen Manifest:

»Wir erschließen bessere Wege, Software zu entwickeln, indem wir es selbst tun und anderen dabei helfen. Durch diese Tätigkeit haben wir diese Werte zu schätzen gelernt:

- ***Individuen und Interaktionen** mehr als Prozesse und Werkzeuge*
- ***Funktionierende Software** mehr als umfassende Dokumentation*
- ***Zusammenarbeit mit dem Kunden** mehr als Vertragsverhandlung*
- ***Reagieren auf Veränderung** mehr als das Befolgen eines Plans*

Das heißt, obwohl wir die Werte auf der rechten Seite wichtig finden, schätzen wir die Werte auf der linken Seite höher ein.«[10]

Neu ist in der agilen Herangehensweise auch, dass der Zusammenarbeit, der Kommunikation im Team ein sehr hoher Stellenwert für das Bewältigen der Herausforderungen eingeräumt wird. Das Zwischenmenschliche wird als wichtige Ressource für den Umgang mit Dynamik, Komplexität und damit einhergehender Unsicherheit bezogen auf zukünftige Entwicklungen gesehen. Menschliche Phänomene stehen daher im Mit-

10 http://agilemanifesto.org/iso/de/manifesto.html.

telpunkt agilen Vorgehens. Begriffe wie Selbstorganisation, Verantwortung, Vertrauen, Ermächtigung und Lernen sind zentral für agiles Arbeiten.

Die Evolution agiler Methoden

Mit der Veröffentlichung des Manifests, den darauf basierenden agilen Methoden und dem Erfolg neuer digitaler Geschäftsmodelle gewann der Begriff Agilität als Schlagwort im Unternehmensalltag an Bedeutung – zunächst in Digitalunternehmen für die Software- und Produktentwicklung, inzwischen ist er in allen Branchen zum Schlüsselbegriff im Umgang mit Herausforderungen in einem dynamisch-komplexen Umfeld geworden. Dabei sind die grundlegenden Gedanken des agilen Manifests nicht ganz neu: Lean Management mit seinen unterschiedlichen methodischen Ausprägungen wie TQM[11], KVP[12], Kaizen[13] oder Supply Chain Management[14], die zunächst in Japan und später auch in westlichen Unternehmen Verwendung fanden, basiert auf dem Gedanken der stetigen Anpassung und Verbesserung durch Konzentration auf alles, was *nützlich* ist. Die zugrundeliegende Haltung ist das Streben nach ständiger Verbesserung durch adaptives, iteratives und inkrementelles Vorgehen. Das konsequente Weglassen dessen, was *nicht nützlich* ist, zielt vor allem auf die Optimierung bestehender Prozesse und Geschäftsmodelle und führt im Ergebnis zu enormen Produktivitätsgewinnen.

Seitdem Software nicht mehr nur Prozessoptimierung, sondern in Verbindung mit dem Internet und dem Smartphone auch grundlegend neue Geschäftsmodelle ermöglicht, sind digitale Disruptionen in allen Branchen gegenwärtig. Die neuen Wettbewerber der Automobilindustrie, der Hotelbranche und der Banken heißen Tesla und Uber, Airbnb und N26. Neben effizienten Prozessen haben schnelle und innovative Produktentwicklungen enorm an Bedeutung gewonnen und damit einhergehend die Notwendigkeit zur flexiblen, schnellen Anpassung von organisationalen Strukturen und Strategien. Das Agile Manifest und die darauf basierenden Methoden der Softwareentwicklung entwickeln sich zu einer Art Blaupause für Agilität und agiles Vorgehen in der unternehmerischen Praxis.

Scrum: Neues Projektmanagement zum Umgang mit Dynamik und Komplexität

Von dem agilen Software-Projektmanagement-Framework *Scrum* haben mittlerweile viele Führungskräfte gehört, auch wenn sie nicht aus der Softwareentwicklung kommen. Die Methode entwickelte sich als Alternative zum bis dahin vorherrschenden Projektmanagement und ist eng mit den Grundsätzen des Agilen Manifests verbun-

11 Total Quality Management.
12 Kontinuierlicher Verbesserungsprozess.
13 KAI = Veränderung, ZEN = zum Besseren.
14 Entlang der Lieferkette auf das Gesamtsystem ausgerichtete strategische Koordinierung.

den. Sie zu verstehen, ist sehr hilfreich, um agiles Vorgehen im Allgemeinen, aber auch agile Strategieumsetzung besser einschätzen zu können.

Noch einmal zum direkten Vergleich: Im traditionellen Projektmanagement wird in einem sequenziell-linearen Prozess bezogen auf ein Projektziel zunächst analysiert, dann geplant und schließlich umgesetzt. Dabei haben Prozesse und Werkzeuge, umfassende Dokumentationen und das Befolgen eines Plans meist hohe Priorität. Das Ziel des Weges steht also exakt fest, die einzelnen Etappen, wie sie bewältigt werden können und was dafür notwendig ist, werden genau durchgeplant. Diese Vorgehensweise ist in etwa vergleichbar mit dem traditionellen Strategieentwicklungs- und -umsetzungsprozess. Im bekannten Gelände, bei gutem Wetter und ohne größere Zwischenfälle funktioniert das auch sehr gut. Wenn es jedoch in unbekanntes Gelände mit unberechenbarem Wetter und ungeplanten Hindernissen geht, gerät diese Vorgehensweise an ihre Grenzen.

Das Scrum-Framework berücksichtigt diese Unwägbarkeiten, um agil mit Dynamik und Komplexität umzugehen. Das Verständnis agilen Projektmanagements ist daher sehr hilfreich für agile Herangehensweisen bei der Strategieumsetzung. Im Folgenden schauen wir uns die Scrum-Vorgehensweise genauer an:

Auch Scrum basiert darauf, dass ein weiter entferntes Ziel existiert, z. B. die Entwicklung eines Produktes. Der Weg, dieses Ziel zu realisieren, wird jedoch als nicht klar und vor allem als nicht detailliert planbar eingeschätzt, sodass Etappe für Etappe iterativ vorgegangen wird. Einerseits sind in Scrum einige wenige, sehr klare und restriktive Regeln festgelegt, andererseits gibt es innerhalb dieser Regeln großen Gestaltungsspielraum. Das Konzept beinhaltet drei bzw. vier feste Rollen:

- den Product Owner, der die fachlichen Anforderungen und deren Priorisierung festlegt,
- den Scrum Master, der den Prozess begleitet und bei Hindernissen unterstützt,
- ein Team aus fünf bis acht Mitgliedern, das für die Produktentwicklung verantwortlich ist;
- daneben gibt es noch verschiedene Stakeholder, die Beobachter oder Ratgeber sein können.

Die fachlichen Anforderungen sind in einer Liste (Backlog) festgehalten und werden dort permanent gepflegt und priorisiert. In Kooperation von Product Owner und Entwicklungsteam werden etwa alle vier Wochen die am höchsten priorisierten Punkte aus dieser Liste übernommen und daraus ein Arbeitspaket für fertige Produktfunktionalitäten geschnürt (Increment). Jeden Tag finden sogenannte Stand-up-Meetings statt – das sind kurze, zeitlich sehr limitierte Abstimmungen zwischen allen Beteiligten –, um den aktuellen Stand darzustellen und auf ggf. notwendige Zusammenarbeit einzugehen.

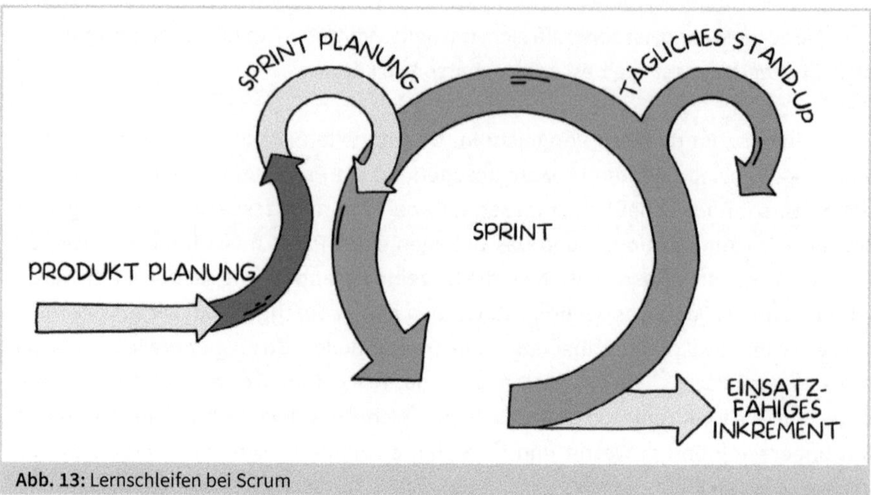

Abb. 13: Lernschleifen bei Scrum

Scrum ist also ein Framework, das auf einem inkrementellen Vorgehen und iterativen Lernschleifen basiert und dem Vorgehen von Planen (Plan), Anwenden (Apply), Prüfen (Inspect) und Anpassen (Adapt) folgt. Dabei stehen die Kundinnen und ihre Bedürfnisse bzw. ihre Probleme im Fokus, es geht um eine dafür geeignete Art der gemeinsamen Arbeit und des Miteinanders, um Selbstverantwortung und um eine gute, effektive Kommunikation. Es kommt nicht darauf an, Pläne streng einzuhalten, vielmehr hat das Fertigstellen von nützlichen, funktionierenden Elementen (Inkrementen) Priorität.

In der Software- und Produktentwicklung wird Scrum sehr erfolgreich dort eingesetzt, wo Komplexität, Dynamik und Veränderungsgeschwindigkeit klassisches Projektmanagement und herkömmliches Planen obsolet machen. Bei Amazon und Google beispielsweise werden damit Tag für Tag tausende von kleinen Veränderungen in der operativ-laufenden Software vorgenommen, in der Regel ohne dass die Anwender etwas davon merken.

Agile Strategieentwicklung

Start-ups und innovative Unternehmen entwickeln zunehmend Strategien bei Produkten und Prozessen, die an die eben beschriebene agile Herangehensweise angelehnt sind, und setzen sie mit agilen Methoden um. Dazu werden meist zunächst – auf Basis eines Leitbildes – nach einer Innen- und Außenanalyse Thesen zur weiteren Entwicklung aufgestellt und einfache, pragmatische Eckpunkte der Strategie formuliert. Anschließend werden Entwicklungsoptionen verfeinert, ausgearbeitet und in konkrete Schritte umgesetzt. So wird deutlich, was funktioniert und was nicht oder was sich verändert hat und neu berücksichtigt werden muss. Die Strategie wird daraufhin entsprechend angepasst und Schritt für Schritt weiterentwickelt, um dann erneut überprüft und adaptiert zu werden und so weiter.

Die Kernelemente dieses Vorgehens sind folgende:

- Ein übergeordnetes strategisches Leitbild mit einigen wenigen Kernaussagen bildet den Rahmen für strategische Projekte.
- Die strategischen Projekte sind in mehrere kurze, rollierende Arbeitsphasen unterteilt, die systematisch durchgeführt und ausgewertet werden.
- Die strategischen Projekte werden von situativ besetzten Strategieteams flexibel und weitgehend selbstbestimmt vorangetrieben.
- Die Erkenntnisse und Lerneffekte aus den strategischen Projekten werden analysiert und die Strategie dadurch iterativ weiterentwickelt.
- Durch diesen Prozess entsteht eine Verzahnung des Wissens aus Analyse, Umsetzung und den Kompetenzen als auch Erfahrungen der verschiedenen Beteiligten.

In der folgenden Abbildung 14[15] finden Sie diesen Prozess noch einmal visualisiert:

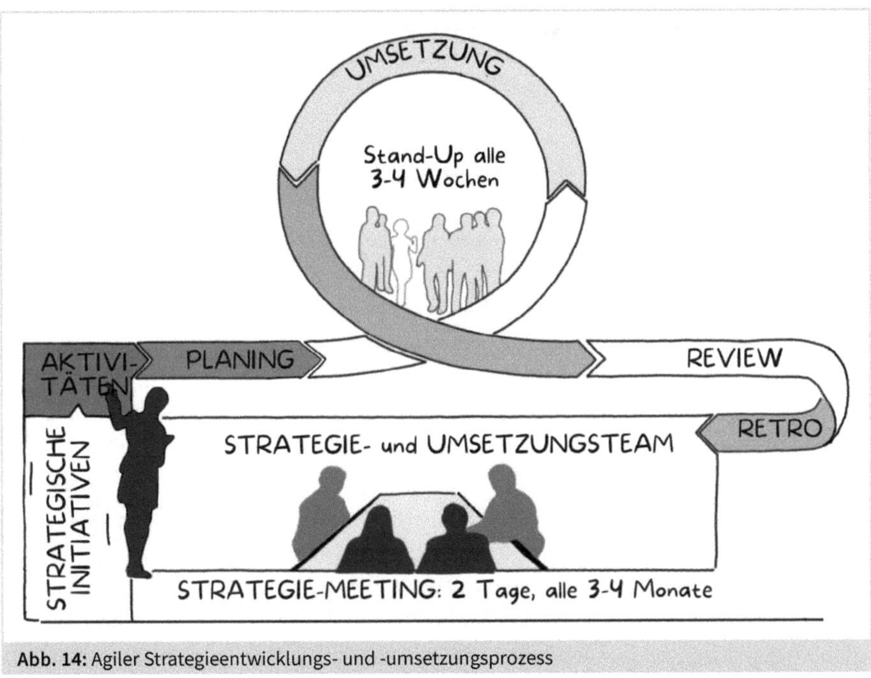

Abb. 14: Agiler Strategieentwicklungs- und -umsetzungsprozess

Es wird deutlich, dass sich ein solches Vorgehen bei der Strategieentwicklung von dem klassischen Modell unterscheidet, das in erster Linie auf analytischer Vorhersage, rational strategischen Entscheidungen, der Unterteilung von Entwicklung und Umsetzung sowie der meist alleinigen, strategischen Verantwortung von Geschäftsführung

15 https://www.sigs-datacom.de/uploads/tx_dmjournals/gipp_loeffler_OS_05_16_bCKe.pdf, eigene Darstellung.

oder Vorstand basiert. Neu und dem agilen Vorgehen zuzuordnen ist das inkrementelle und kleinteilige Vorgehen, bei dem Lerneffekte unmittelbar genutzt werden und alle Beteiligten einen höheren Grad an Selbstorganisation aufweisen.

!

Agile Strategieentwicklung und -umsetzung in der Praxis

Die Saxonia Systems AG befand sich 2010 in einer schweren Krise. Das Softwareunternehmen musste sich zwingend verändern und neue Wege gehen. Insbesondere standen die strategische Ausrichtung sowie die Art der Führung und Zusammenarbeit im Fokus. Ausgehend von guten Erfahrungen mit der Scrum-Methodik in der Softwareentwicklung entstand ein agiles Management-Framework, das es dem Unternehmen ermöglichte, langfristig gesetzte Ziele flexibel zu erreichen. Dieses Vorgehen basiert auf einer Strategy Map: Bei regelmäßigen Treffen des Strategieteams werden etwa Strategie-Sprints beschlossen und zur Umsetzung freigegeben. Vierzehntägig finden für alle Mitarbeitenden offene Strategie-Stand-ups statt, bei denen man sich über den aktuellen Status der strategischen Initiativen austauscht. Durch diesen agilen Strategieprozess wurde der permanente Wandel für das gesamte Unternehmen zur Normalität und zum Motor für eine hierarchie- und standortübergreifende Transformation der Kultur und der Organisation.[16]

Für ein solches Vorgehen und den wirkungsvollen Umgang der Unternehmen mit Dynamik, Komplexität und der damit verbundenen Unsicherheit zeichnet sich vor allem eins ab: die Verschiebung der Gewichtung von fachlich-administrativen hin zu sozialen Prozessen. Bei fachlich-administrativem Vorgehen analysieren, planen und realisieren wir auf ein längerfristiges Ziel hin, was gut bei weitgehend stabilen Randbedingungen funktionieren kann. Bei agilem Vorgehen steht der Kunde nicht nur mit seinem fachlichen Problem, sondern als Mensch mit Wünschen, Ängsten, Freuden und Grundbedürfnissen im Mittelpunkt, um innovative und qualitativ anspruchsvolle Lösungen zu entwickeln.

Bei sozialen Prozessen wird der Mensch mit seinem Erleben und Verhalten betrachtet. Dabei geht es vor allem darum, dass Menschen *die richtigen Dinge richtig tun*. Das erfordert ständiges Ausprobieren, Verstehen und Anpassen. Wir kennen dies bereits aus unserer Kindheit und es heißt ganz einfach: *Lernen*. Agiles Verhalten basiert darauf, permanent zu lernen. Nicht um zu *wissen*, sondern um zu *können*. Das Gestalten sozialer Prozesse im agilen Kontext zielt genau darauf ab, ein Umfeld permanenten Lernens zu schaffen. Wenn Vertrauen, Konfliktfähigkeit, Engagement, Verantwortung, Selbstorganisation und Wirkungsorientierung ermöglicht werden, wird auch Lernen ermöglicht.

16 Löffler, Sylvie, 2018 ZFO OrgLab 06.

Voraussetzung dafür sind weitgehende Transparenz, wirkungsvolle Kommunikation sowie schrittweises, aufeinander aufbauendes, iteratives und inkrementelles Vorgehen. Die beiden Herangehensweisen, die klassische und die agile, sind in ihren Ausprägungen nochmals in der folgenden Abbildung 15 dargestellt:

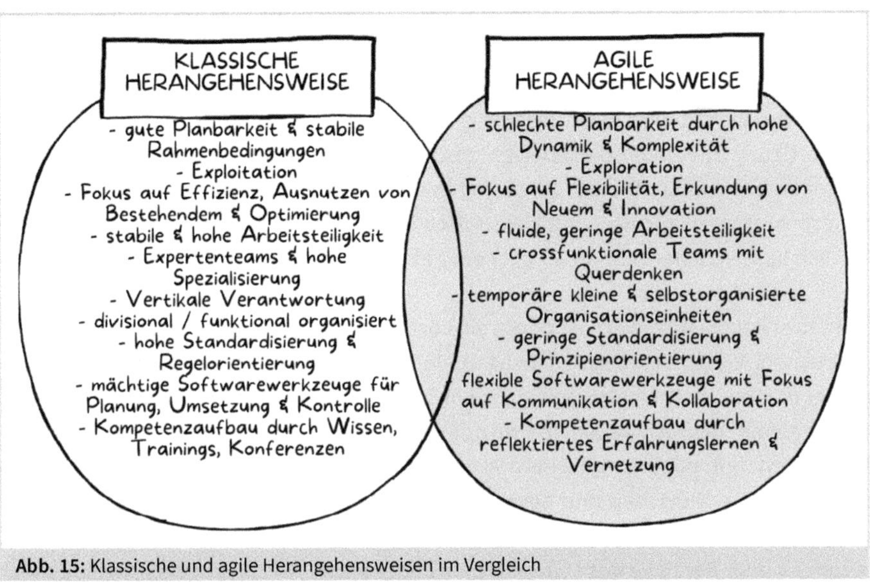

Abb. 15: Klassische und agile Herangehensweisen im Vergleich

Das entspricht dann einem agilen Grundverständnis, mit dem die beschriebenen Herausforderungen der digitalen Transformation besser bewältigt werden können, generell und natürlich auch in der Strategieumsetzung.

Agiles Vorgehen kann, muss aber nicht hilfreich sein

Ziel agilen Vorgehens ist die Fokussierung auf kundenzentrierte Nutzengenerierung im dynamisch-komplexen Umfeld. Das dafür notwendige flexible Gestalten von Strukturen und sozialen Systemen erhält eine größere Gewichtung und deutet darauf hin, dass die Gestaltung sozialer Prozesse eine bedeutsame Möglichkeit ist, mit hoher Veränderungsgeschwindigkeit adäquat umzugehen. Wie jeder aus der unternehmerischen Praxis können sicher auch Sie bestätigen, dass das Scheitern oder der Erfolg von Umsetzungsaktivitäten am Ende meist auf die Art der Zusammenarbeit, das gemeinsame Verständnis, die Kommunikation, den Umgang mit Konflikten oder die Art der Führung und Entscheidungen zurückzuführen ist. Je komplexer und dynamischer das Umfeld ist, desto höher sind auch die Anforderungen an diese Aspekte.

Agiles Vorgehen legt den Fokus der Methoden auf Strukturen, die ein gelingendes Zusammenwirken von Menschen als kritischen Aspekt für den erfolgreichen Umgang mit Dynamik und Komplexität ermöglichen. Das ist kein Selbstzweck, sondern erhöht schlicht den Wirkungsgrad der Aktivitäten, um lernend, fokussiert, besser und schneller unter sich verändernden Rahmenbedingungen agieren zu können.

Sollten nun alle im Unternehmen, alle Bereiche, Abteilungen, Projekte und Teams auf agile Methoden trainiert, muss die gesamte Organisation agil organisiert werden, damit die Strategie bestmöglich umgesetzt wird? Das gilt vielleicht für Start-ups oder für IT-Unternehmen, aber für tradierte Branchen und Unternehmen wohl eher weniger. Wenn ein Automobilhersteller seine Produkte und Produktion von klassischen Antrieben auf Elektromobilität umstellt, sind die Fragen nach der Produktgestaltung, der Fertigungstiefe oder dem Design des Fertigungsprozesses mit agilen Methoden besser zu bearbeiten. Die Beschreibung und Ausgestaltung eines detaillierten Fertigungsprozesses dagegen ist mit klassischen Methoden des Projektmanagements vermutlich besser zu bewältigen. Es gilt somit abzuwägen.

Agilität ist kein Selbstzweck, sondern ein Lösungsansatz für eine bestimmte Form von Problemen. Vereinfach lässt sich sagen: Je höher die Dynamik und Komplexität, je größer die Unsicherheit bezogen auf zukünftige Entwicklungen, desto eher eignet sich ein Vorgehen, das sich an agilen Prinzipien orientiert. Agiles Vorgehen bedeutet wie bereits benannt: inkrementell, iterativ und mit Rückmelde- und Korrekturschleifen zu arbeiten sowie Menschen und deren Interaktion im Zweifelsfall höher zu gewichten als Prozesse und Methoden. Dieses Vorgehen kann für ein Unternehmen, einzelne Abteilungen oder Bereiche des Unternehmens oder auch für Projektarbeit sinnvoll sein.

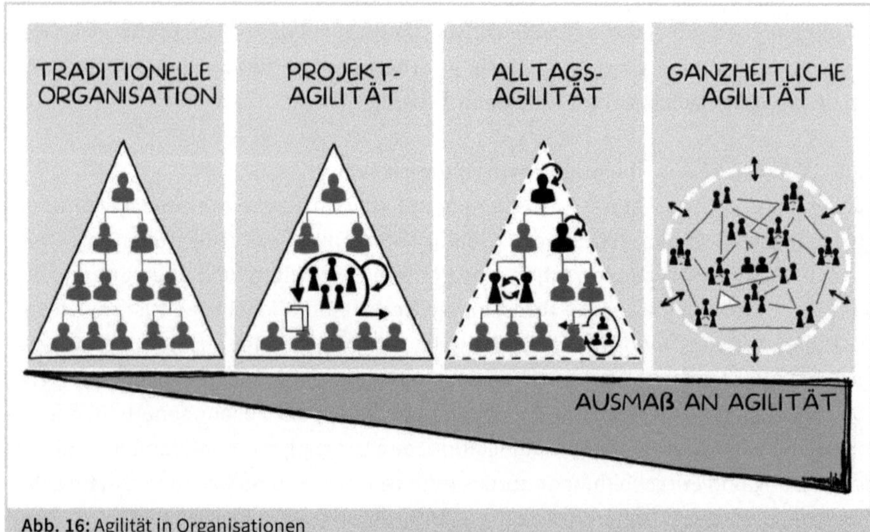

Abb. 16: Agilität in Organisationen

In der folgenden Übung können Sie analysieren, wie agil Ihr Unternehmen und Ihr Verantwortungsbereich bereits ausgerichtet sind. In einigen Fällen tun Sie sich mit der

Einschätzung ggf. schwer. Machen Sie dann eine Trendaussage, in welche Richtung es tendenziell geht.

Übung 7: Wo stehen Sie bezüglich Agilität? (ca. 60 min)

Nehmen Sie eine Einschätzung anhand der folgenden Skalen zwischen den beiden Alternativen vor. Was wird von Ihnen meist als wichtiger eingeschätzt? Für Ihr Unternehmen können Sie einen Kreis als Markierung nehmen, für Ihren eigenen Verantwortungsbereich ein Kreuz.

	1	2	3	4	5	6	
Persönliche Auseinandersetzung mit den zu lösenden Kundenproblemen	☐	☐	☐	☐	☐	☐	Pflichtenhefte und Dokumentationen
Fördern von Selbstorganisation	☐	☐	☐	☐	☐	☐	Anweisung und Kontrolle
Klären von Erwartungen	☐	☐	☐	☐	☐	☐	Aufstellen von Regeln
Vermitteln von Sinnhaftigkeit	☐	☐	☐	☐	☐	☐	Aufstellen von Zielvorgaben
Ergebnisorientierung	☐	☐	☐	☐	☐	☐	Einhalten von Plänen
Gestalten von Prozessen	☐	☐	☐	☐	☐	☐	Hierarchische Strukturen
Rollenverständnis	☐	☐	☐	☐	☐	☐	Stellenprofile
Teamerfolge	☐	☐	☐	☐	☐	☐	Einzelleistungen
Reflektieren	☐	☐	☐	☐	☐	☐	Reporting
Lernen von Fehlern	☐	☐	☐	☐	☐	☐	Sanktionieren von Fehlern

Fragebogen zur Einschätzung der eigenen Agilität bzw. des Unternehmens

Retrospektive

- Wo ist Ihnen die Einschätzung eher schwer- und wo eher leichtgefallen? Was könnte der Grund dafür sein?
- Betrachten Sie das Ergebnis: Wo steht Ihr Unternehmen und wo stehen Sie mit Ihrem Bereich – mehr links oder mehr rechts?
- Wie verstehen Sie mögliche Differenzen zwischen Ihrem Bereich und Ihrem Unternehmen?
- Welche Einschätzung würde die Unternehmensleitung treffen, wo wären die größten Unterschiede zu Ihrer Einschätzung? Wie kommt es zu den unterschiedlichen Einschätzungen?

- Welche Einschätzung würden Ihre Kunden treffen, wo wären die größten Unterschiede zu Ihrer Einschätzung? Wie kommt es zu den unterschiedlichen Einschätzungen?
- Welche Einschätzung würde Ihre Mitarbeitenden treffen, wo wären die größten Unterschiede zu Ihrer Einschätzung? Wie kommt es zu den unterschiedlichen Einschätzungen?
- Was wäre anders, wenn die Profile um einen Punkt weiter nach links oder um einen Punkt weiter nach rechts verschoben werden würden?

Resümee

Was hat Sie bei dieser Übung überrascht oder verwundert, was war interessant, hilfreich, was stimmt nachdenklich? Notieren Sie Ihre drei wichtigsten Erkenntnisse dieser Übung!

4 Selbstmanagement: Dreh- und Angelpunkt der agilen Strategieumsetzung

Die bisherigen Erläuterungen dienten dazu, den Kontext, in dem Sie agieren, zu verdeutlichen und verständlich zu machen. Einiges kam Ihnen möglicherweise bekannt vor, anderes war vielleicht neu. Doch was hat das alles mit Ihrem Arbeitsalltag als Führungskraft und mit Ihrer Strategieumsetzung zu tun? Dieses Kapitel will genau diesen Bogen schlagen. Es soll Ihnen zeigen, wie Sie in diesem Kontext so navigieren können, dass die Umsetzungsarbeit Ihrer Strategien wirkungsvoller als bisher ist.

Nun geht es also um Sie; Agilität fängt bei Ihnen, Ihrem Erleben und Verhalten in Ihrem konkreten betrieblichen Kontext an. Krempeln Sie Ihre eigenen Ärmel hoch, bevor Sie das von anderen verlangen.

Wenn Sie anderes und andere besser verstehen wollen, sollten Sie sich aber zunächst selbst besser verstehen. Als Führungskraft können Sie Strategie und Strategieumsetzung besser bewältigen, wenn Sie in der Lage sind, Ihre Gedanken, Verhalten, Gefühle und Kommunikation zu reflektieren und bei Bedarf zu modifizieren.

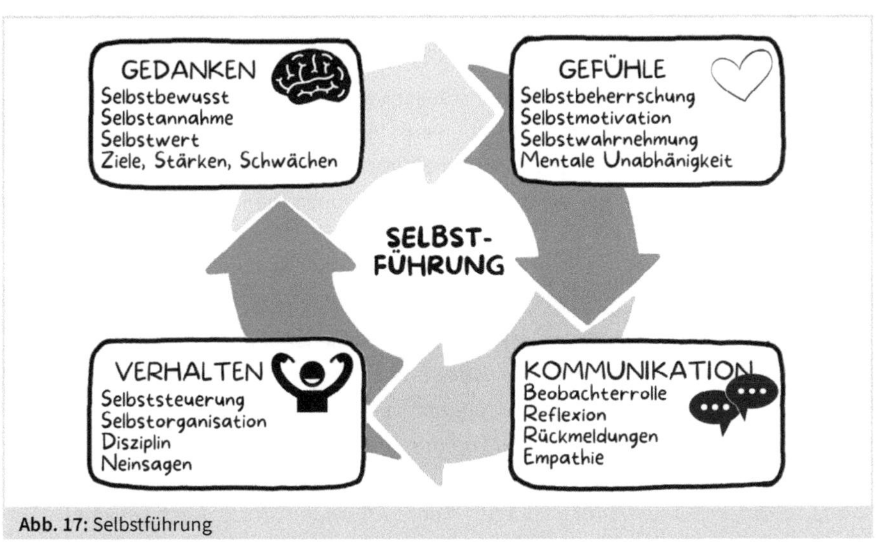

Abb. 17: Selbstführung

Die folgenden Teilkapitel können eine Entdeckungsreise für Sie sein, um Agilität nicht nur ausbuchstabieren, sondern sie im anspruchsvollen Alltag auch leben zu können. Lassen Sie uns mit diesem Alltag beginnen.

4.1 Das praktische Umsetzungsdilemma

Welche Erfahrungen machen Sie als Führungskraft im Kontext von Strategie und Umsetzung, vor welchen konkreten Herausforderungen stehen Sie, welche Probleme müssen Sie lösen? Die Übungen in Kapitel 3 haben Ihnen hierzu vielleicht bereits zu einem ersten Überblick verhelfen können. Generell dürfte es so sein, dass Sie heute mehr entscheiden müssen als zu Beginn Ihrer Karriere. Dafür haben Sie deutlich weniger Zeit, gleichzeitig jedoch mehr Entscheidungsfaktoren, die zu berücksichtigen sind. Wahrscheinlich haben Sie auch zunehmend weniger Personal und weniger finanzielle Ressourcen zur Verfügung. Sie müssen vermutlich in immer mehr Restrukturierungs- oder Innovationsprojekten mitarbeiten, was Ihnen wiederum Zeit für Ihre Kernaufgaben nimmt. Sie nehmen vielleicht immer weniger Orientierung und Unterstützung wahr und schauen einfach nur noch, dass nichts anbrennt.

Im Folgenden sind drei typische Situation im Führungskontext dargestellt, wie ich sie immer wieder erlebe. Um es zu veranschaulichen und zu konkretisieren, sind dazu drei *Personas* beschrieben, d. h. personifizierte Führungsidentitäten in ihrer Welt mit den dazugehörenden Werten, Einstellungen, Erlebnissen und Verhalten.

Als Führungskraft in einem Konzern oder einem größeren Mittelständler
Sie sollen die Unternehmens- oder Divisionsstrategie für Ihren Bereich adaptieren und umsetzen und haben eine festgelegte Rolle oder Funktion mit anspruchsvollen Zielen. Sie sind für Mitarbeitende und Prozesse verantwortlich. Ihr Unternehmen befindet sich vermutlich im harten Wettbewerb, vielleicht in einem Transformationsprozess. Sie sollen das bisherige Kerngeschäft absichern und sogar weiterentwickeln. Gleichzeitig haben Sie die Verantwortung für das Vorantreiben strategischer Veränderungsprojekte.

Alexander S. (52) ist als Bereichsleiter bei einem großen Logistikunternehmen für die Transportflotte West/East-EU verantwortlich. Wesentlicher Teil des Kerngeschäfts sind noch immer konventionelle Logistikdienstleistungen, jedoch ist die Position seines Unternehmens im Stammmarkt durch neue, aggressive Wettbewerber massiv gefährdet; das Unternehmen kämpft mit Umsatz- und Ergebniseinbrüchen.

So hat die Unternehmensleitung vor etwa einem Jahr einen Strategieschwenk beschlossen: Man möchte sich künftig ergänzend zum Kerngeschäft als Betreiber einer digitalen Plattform für Stückgut am Markt platzieren, um eigene Kapazitäten besser auszulasten und einen offenen Marktplatz für Logistikleistungen aufzubauen. Dafür wurde eigens ein Chief Digital Officer auf Geschäftsführungsebene eingestellt, der umgehend das Projekt Logistics 4.0 initiiert und eine Programmstruktur implementiert hat. Diese stellt einen Vorgriff auf die zukünftige Organisation dar, in der alle Bereichsleiter sowie ausgewählte Mitarbeitende und Berater mitwirken.

Alexander S. soll als Bereichsleiter sein Kerngeschäft absichern und gleichzeitig die neue Strategie im Rahmen von Logistics 4.0 umsetzen, wofür er immer mehr Zeit in Abstimmungs- und Eskalationsmeetings verbringt. Verantwortlichkeiten sind nicht mehr eindeutig geregelt, ein ständiges Zuständigkeitsgerangel und interne Politik kosten ihn viel Zeit. Seine Mitarbeitenden werden unruhig und seine wichtigste Leistungsträgerin wechselt in Kürze zur Konkurrenz. Alexander S. ist seit über 20 Jahren in dem Unternehmen und hat die eigene Sparte erfolgreich aufgebaut. Solche Herausforderungen sind jedoch neu für ihn.

Als Führungskraft befinden Sie sich häufig in der *Sandwich-Position* zwischen Unternehmensleitung und Mitarbeitenden. Sie sollen neue Aufgaben wie z. B. strategische Projekte ohne zusätzliches Personal und weitere Ressourcen bearbeiten. In der Strategieumsetzung wird von Ihnen erwartet, dass Sie die Unternehmensstrategie auch ohne detaillierte Vorgaben für Ihren Bereich interpretieren, umsetzen und mit dem Tagesgeschäft verknüpfen.

Wenn Sie mit Ihrer bisherigen Herangehensweise und der Skalierung von Ressourcen und Aufgaben nicht wie gewünscht weiterkommen, ist meist eine neue Herangehensweise notwendig. Dazu gehört in der Regel eine veränderte Sicht auf Verantwortung, Führung und Kommunikation.

Als Top-Managerin oder Geschäftsführer in einem mittelständischen Unternehmen
Sie haben vor dem Hintergrund eines dynamischen Wettbewerbs und sich verändernder Rahmenbedingungen eine neue Strategie für Ihr Unternehmen entwickelt, die es nun umzusetzen gilt. Das von Ihnen initiierte Projekt zur Strategieumsetzung ist gestartet, ein Programmmanagement sowie das Projektreporting sind aufgesetzt und die Aufgaben verteilt. Ihre Bereichsleitungen und der Sozialpartner wurden eingebunden, außerdem die neue Strategie über die Medien Ihrer internen Unternehmenskommunikation bekanntgemacht und in der Betriebsversammlung vorgestellt. Dennoch läuft die Strategieumsetzung nur sehr schleppend an und Sie haben den Eindruck, dass einige Führungskräfte und Mitarbeitende anderer Ebenen nicht wirklich mitziehen.

Christine M. (43) ist kaufmännische Geschäftsführerin eines städtischen Krankenhauses mit 400 Betten, Träger ist ein privater Klinikbetreiber. Vor zwei Jahren ist sie Mitglied der Geschäftsführung geworden, nachdem sie zuvor in der Verwaltung eines anderen Krankenhauses ein Restrukturierungsprogramm erfolgreich verantwortet hat.

Zu ihren Aufgaben gehört es u. a., die Digitalisierung des Krankenhausbetriebes konsequent auszubauen, Verwaltungsprozesse zu verschlanken und Kosten zu senken. Dafür hat sie zusammen mit dem ärztlichen Direktor und dem Pflegedirektor die Strategie Healthcare 4.0 ausgearbeitet. Insbesondere möchte Christine M. durch diese mehr dezentrale Verantwortung und Interdisziplinarität umsetzen.

Trotz sorgfältiger Abstimmung innerhalb der Geschäftsführung, professioneller Analysen und der Vorbereitung mit externen Beratern stößt Christine M. auf unerwarteten Widerstand bei Chefärzten, Pflegeleitungen und Mitarbeitenden. Obwohl die Sachargumente und die Notwendigkeit der Maßnahmen für den langfristigen Erfolg des Hauses eindeutig sind, reibt sie sich in unzähligen Projekt- und Abstimmungsmeetings auf. Dennoch scheint es Christine M. nicht zu gelingen, die Beteiligten von ihrer Strategie zu überzeugen. Ihr präferierter Ansatz der dezentralen Verantwortung und interdisziplinären Zusammenarbeit wird offensichtlich nicht honoriert. Unterdessen gerät ihr Tagesgeschäft ins Hintertreffen, zudem fordern die Eigentümervertreter ungeduldig Ergebnisse und Fortschrittsberichte von ihr.

In einer Geschäftsführungsposition sind Sie für die Ausrichtung und Strategie Ihrer Organisation verantwortlich. Gleichzeitig ist es Ihre Aufgabe, Strukturen und Prozesse so zu gestalten, dass eine bestmögliche Umsetzung ermöglicht wird. Das gelingt jedoch nur mit einem Managementteam, das voll und ganz hinter Ihren Zielen und auch hinter Ihnen persönlich steht. Zum fachlichen Commitment Ihres Teams gehört ein komplementär-emotionales Commitment. Wenn Sie hier eine Lücke spüren, könnte dies an Themen wie emotionaler Verbundenheit, Vertrauen, Klarheit oder Kommunikation liegen.

Als Projektleiterin ohne disziplinarische Verantwortung

Sie betreuen als Leiterin Strategie für die Geschäftsführung eine größere strategische Initiative, die das Unternehmen zukunftssicher machen soll. Gemeinsam mit allen relevanten Beteiligten haben Sie eine Strategie ausgearbeitet; der Vorstand oder die Geschäftsführung Ihres Unternehmens waren involviert und haben nun Sie dazu auserkoren, die Projektleitung der Strategieumsetzung zu übernehmen. Sie sollen dafür sorgen, dass die anderen Top-Führungskräfte gemeinsam die Strategie anhand eines vereinbarten Meilensteinplans umsetzen. Möglicherweise finden Sie sich nach mehr oder weniger kurzer Zeit in mikropolitische Verstrickungen und Verteilungskämpfe der Führungskräfte hineingezogen. Geschäftsführung oder Vorstand geben Ihnen leider nicht den Rückhalt, den Sie sich wünschen.

Larissa K. (31) ist Leiterin Strategie bei einem süddeutschen Bekleidungsfilialisten, der sich mit zehn Filialen für gehobene Mode und Premiummarken erfolgreich am Markt etabliert hat. Sie berichtet an den neuen, von der Eigentümerfamilie eingesetzten Geschäftsführer. Aktuell ist sie mit dem Einstieg des Unternehmens in den Online-Handel betraut. Außerdem soll sie die Strukturen modernisieren, um auch langfristig mit den Großen der Branche mithalten zu können und weiteres Wachstum in Deutschland zu ermöglichen.

Die Betriebswirtin Larissa K. hat zuvor bei verschiedenen Online-Händlern gearbeitet und wurde vom Geschäftsführer vor etwa einem halben Jahr eingestellt. Seitdem hat sie sich eingearbeitet, gemeinsam mit dem Geschäftsführer eine Digitalstrategie entwickelt und mit der Eigentümerfamilie abgestimmt. Obwohl ihr die Unternehmenskultur etwas altmodisch erscheint, ist sie mit Gestaltungswillen und Engagement dabei. Zum Start organisiert sie ein Meetup mit allen Filialleiterinnen und Filialleitern, dem Einkauf, dem IT-Verantwortlichen und anderen Beteiligten. Dabei werden grundsätzliche Fragen angesprochen, die Strategie erläutert und ein grober Maßnahmenplan entwickelt.

Im weiteren Verlauf der Strategieumsetzung, insbesondere bei der Zusammenstellung der Teams und der beginnenden Umsetzung, zeigt sich jedoch, dass in den Details kaum ein Einvernehmen zu erzielen ist. Das von Larissa K. angestrebte Tempo wie auch ihre Vorgehensweise werden von einigen Filialverantwortlichen und besonders vom IT-Leiter kritisch hinterfragt, aber kaum aktiv unterstützt. Sie sieht sich zwischen den Stühlen, es scheint eine versteckte Koalition zwischen den Filialverantwortlichen und dem IT-Leiter zu geben; die Anfangseuphorie weicht mühsamen Abstimmungs- und Sachdiskussionen. Leider bekommt Larissa K. auch von ihrem Geschäftsführer nicht die Unterstützung, die sie sich wünscht. Er macht ihr unmissverständlich klar, dass er sie in der Verantwortung für die Koordination der Umsetzung sieht.

Als Projektverantwortliche ohne disziplinarische Verantwortung führen Sie *lateral*, was eine sehr anspruchsvolle Aufgabe ist. Auf der einen Seite verfügen Sie in diesem Fall meist über viel Fakten- und Hintergrundwissen zur Strategie und waren bei deren Entwicklung involviert. Gleichzeitig fehlt Ihnen jedoch oft der Zugang zum Tagesgeschäft. Die Bereichsleiter legen Ihnen das möglicherweise als Praxislücke aus. Deren Strategieumsetzung sollen Sie jedoch koordinieren und ohne deren Unterstützung kommen Sie nicht weiter. Für ein erfolgreiches Vorgehen sind nicht nur inhaltliche und konzeptionelle Kompetenzen wichtig, sondern eine enge kommunikative, vertrauensvolle und wirkungsvolle Beziehung zu den Verantwortlichen. Dafür bedarf es eines guten Empfindens für zwischenmenschliche Perspektiven und Befindlichkeiten.

Das gefühlte Dilemma

Alle drei Situationen von Larissa, Christine und Alexander haben einen gemeinsamen Nenner: Der Umfang relevanter Variablen, die Veränderung der Aufgaben und Entscheidungsparameter sowie die Dynamik und Komplexität vor allem im zwischenmenschlichen Bereich führen zu einem Gefühl gewisser Orientierungslosigkeit oder Überanstrengung. Obwohl sie formale Zuständigkeiten verliehen bekommen haben, fällt es ihnen zunehmend schwer, ihrer Verantwortung, den eigenen Ansprüchen und den Erwartungen anderer gerecht zu werden. Mit den Arbeitsweisen, Konzepten und Prinzipien, die sie bisher erfolgreich eingesetzt haben, geraten sie an ihre Grenzen. Der Eindruck kommt auf, dass alles eher chaotisch als geordnet ist und sie sich in der Folge mehr mit internen Problemen und Themen herumschlagen als mit der konkreten Umsetzung ihres Vorhabens. Das gefühlte Dilemma der drei lautet: »Mit meiner bisherigen Herangehensweise und Erfahrung komme ich nicht mehr weiter.«

Übung 8: Welches Dilemma erlebe ich persönlich? (ca. 90 min)

In dieser Übung können Sie nochmals Ihre persönliche Situation überprüfen und detaillieren. Die oben geschilderten drei Beschreibungen weisen möglicherweise Parallelen zu Ihrer Lage auf. Dennoch ist Ihre eigene Situation spezifisch. Beschreiben Sie doch einmal Ihre eigene Geschichte anhand der geschilderten Beispiele im vergleichbaren Stil und in vergleichbarer Länge aus der Sicht eines Beobachters. Nehmen Sie sich die Zeit und schauen Sie auf sich und Ihre Situation. Was beobachten Sie? Notieren Sie alles und fassen Sie es zu einer kurzen Geschichte über sich selbst zusammen.

Retrospektive

- Ist es Ihnen eher leicht- oder schwergefallen, Ihre eigene Geschichte in der dritten Person aus der Beobachterposition zu erzählen?
- Sind in Ihrer Geschichte Parallelen zu den drei Beispielgeschichten? Wenn ja, welche?
- Würde jemand anderer, der Sie gut kennt, eine vergleichbare Geschichte erzählen?
- Wie würden Sie Ihr aktuelles Dilemma für Ihre Herausforderungen in *einem Satz* beschreiben?

Resümee

Was hat Sie bei dieser Übung überrascht oder verwundert, was war interessant, hilfreich, was stimmt nachdenklich? Notieren Sie Ihre drei wichtigsten Erkenntnisse dieser Übung!

4.2 Ohne agiles Mindset keine agile Strategieumsetzung

Der äußere Rahmen und das Umfeld, um das es geht, sind beschrieben, grundlegende Definitionen sind vorgenommen, die Situation ist, wie sie ist. Sie haben nun die Möglichkeit, in einer aktiven Rolle das Beste aus der gegebenen Situation zu machen. Vielleicht denken Sie jetzt, ich habe doch schon alles probiert! – Dann hätten Sie dieses Buch vermutlich nicht in der Hand. Bleiben wir beim Denken: Was denken Sie, wie Sie denken? Und warum denken Sie genau das, was Sie denken? Können Sie auch etwas anderes denken als das, was Sie gerade denken? Und wie geht es Ihnen damit, wenn Sie an bestimmte Dinge denken, z. B. an Ihre aktuelle Situation, Ihren Führungsalltag, die Themen, die Sie aktuell beschäftigen?

Weshalb das wichtig ist? Ihr Denken prägt Ihr Handeln als Führungskraft und damit das, was andere über Sie denken. Ihr Handeln und das, was Andere über Sie denken, bestimmt Ihre Wirksamkeit und damit Ihren Erfolg:

Agilität beginnt beim Denken.

Die Art und Weise, wie und was Sie denken, wird vor allem durch Ihre innere Einstellung, durch Ihr Selbstverständnis bestimmt. Aus dem Englischen kommend hat sich auch in Deutschland der Begriff *Mindset* dafür durchgesetzt. Agiles Vorgehen hängt ganz entscheidend von der Haltung und Mentalität ab, mit der Führungskräfte und Mitarbeitende vorgehen, d.h. vom zugrundeliegenden Mindset. Vereinfacht gesagt setzt wirkungsvolles agiles Handeln ein agiles Mindset voraus, bei Führungskräften wie bei Mitarbeitenden.

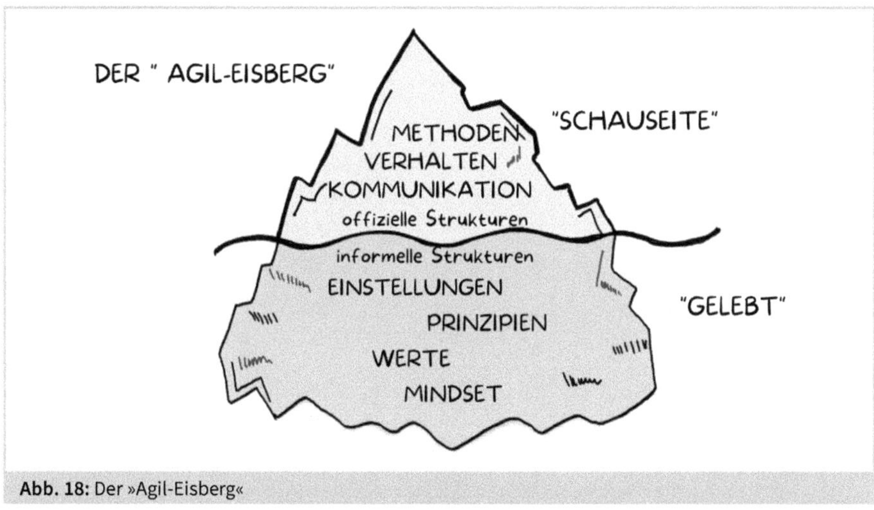

Abb. 18: Der »Agil-Eisberg«

Unser persönliches Mindset hat sich auf Basis all unserer Erfahrungen, vor allem unserer explizit guten und schlechten Erfahrungen, nach und nach und ganz unbewusst entwickelt. Es bildet unseren Bezugsrahmen für Richtig oder Falsch und prägt damit die Grundsätze unseres bewussten und unbewussten Denkens und Verhaltens, unserer Glaubenssätze und Überzeugungen. Unser Mindset bestimmt daher ganz wesentlich mit, was wir ablehnen und wo wir zustimmen, was wir begrüßen und wo wir zögern. Das ist sehr sinnvoll, denn auf diese Weise verschafft es uns Sicherheit und hilft dabei, Bewertungen vorzunehmen, bestimmte Situationen und Sachverhalte, aber auch uns selbst oder andere auf Basis unserer Erfahrungen einzuschätzen. Ein Mindset ist also etwas Stabilisierendes, Gesetztes und Haltgebendes, vergleichbar mit einer Art Betriebssystem.

Leider steht unser Mindset mit genau dieser Eigenschaft den Veränderungen, die möglicherweise andere Grund- und Glaubenssätze benötigen, aber auch oft im Weg. Das, was gestern gut und richtig war, muss nicht zwangsläufig morgen gut und richtig sein. Erfreulicherweise ist unser Mindset veränderbar, es lässt sich gewissermaßen umprogrammieren. Darauf werden wir später noch genauer eingehen. Hier ist es zunächst wichtig, dass Sie sich klarmachen: Wenn mehrere Personen ein ähnliches Mindset teilen, entsteht eine Kultur, in der recht ähnliche Maßstäbe für Gut und Schlecht, Richtig und Falsch vorherrschen. Mindsets prägen somit auch die Zusammenarbeit und damit Teams, Abteilungen, Bereiche und ganze Unternehmen.

Abb. 19: Typische Einstellungen und Glaubenssätze, die unser Denken, Erleben und Handeln bestimmen

In der Praxis ebenso wie in Studien zeigt sich, dass Führungskräfte ihren Verantwortungsbereich und ihr direktes Umfeld durch ihr Verhalten signifikant prägen und dass dabei ihr Mindset eine entscheidende Rolle spielt. Wenn die Führungskraft etwas in ihrer Haltung, ihrem Denken und Handeln ändert, erfolgen meist zeitverzögert bei den meisten Mitarbeitenden, aber auch bei Peers, Kunden usw. ebenfalls entsprechende Verhaltensänderungen. Die Führungskraft ist somit in einer Schlüsselposition für die Handhabung und mögliche Änderungen des Mindsets dieser Gruppe, sie lenkt indirekt das Handeln der Personen in ihrem Umfeld.

!

Agile Produktentwicklung

Der folgende Fall ist mir in der Praxis begegnet: Ein für die Produktentwicklung verantwortlicher Bereichsleiter hatte einige softwarebasierte Kollaborations-Tools eingeführt, um die Zusammenarbeit in seiner Abteilung agiler zu gestalten. Die Produkte sollten nun agil entwickelt werden, z. B. organisierte man das Projektmanagement nach Scrum-Prinzipien und veränderte die Prozesse, Strukturen und Teamzusammensetzungen nach agilen Methoden. Die Mitarbeitenden hatten sich zunächst zögerlich, dann aber durchaus motiviert auf die neuen Arbeitsweisen eingelassen.

Nach einiger Zeit überwog jedoch der Unmut: Einige kritisierten die Ungeduld des Chefs, der ihrer Auffassung nach zu stark Druck ausübe, zu häufig Zwischenberichte fordere und Entscheidungen der Teams revidiere. Die Mitarbeitenden hatten den Eindruck, dass ihr Chef ihnen misstraute, und befürchteten, Fehler zu machen. Trotz des inkrementellen Vorgehens entstanden so meist nur mit heißer Nadel gestrickte und qualitativ minderwertige Produktprototypen. Die Unzufriedenheit des Chefs wuchs; er sah sich in seinem Misstrauen bestätigt und suchte die Schuld bei den Mitarbeitenden, die aus seiner Sicht einfach nicht agil arbeiten wollten und konnten. Seiner Einschätzung nach hatten sie das falsche Mindset. Aus der Perspektive der Mitarbeitenden dagegen verlangte der Chef etwas, was er selbst nicht vorlebte und nicht voll und ganz vertrat. Die Einführung agiler Produktentwicklung drohte zu scheitern.

Vielleicht kennen Sie ähnliche Fälle, in denen gerade neu eingeführte agile Methoden nicht funktioniert haben. Das kann, wie im geschilderten Fall, an der Einstellung – also am Mindset – liegen, die das Verhalten von Führungskräften und Mitarbeitenden leitet. Denn: Die kognitive Erkenntnis allein, dass andere Methoden wahrscheinlich besser sind, reicht nicht aus, um eine erfolgreiche Veränderung anzustoßen und durchzuführen. Über Jahre antrainiertes Verhalten für erfolgreiches Agieren, das auf dauerhaften Stellen, hierarchischen Strukturen, dem detaillierten Abarbeiten von Plänen, zentralen Entscheidungsbefugnissen und Fehlervermeidung basiert, verschwindet genauso wenig wie das *Command & Control-Gen* der Führungskräfte plötzlich über Nacht. Hier wird die stabilisierende Rolle eines Mindsets deutlich, das sich aus den Randbedingungen für erfolgreiches Handeln herausgebildet hat.

Wenn sich diese Bedingungen und das Umfeld jedoch signifikant ändern, wie es aktuell in den meisten Branchen passiert, braucht auch erfolgreiches Handeln neue Maßstäbe und entsprechend die Anpassung des Mindsets. Das, was in der Vergangenheit gut, richtig und erfolgversprechend war, ist es offensichtlich nicht zwingend auch in der Zukunft. Das Verständnis dessen auf rationaler Ebene bedeutet aber noch längst keine Verankerung im Mindset.

Doch was genau ist dann ein Mindset und was zeichnet ein agiles Mindset aus?

Die Entwicklung eines agilen Mindsets

Es gibt einige, jeweils mehr oder weniger fundierte oder für die Strategieumsetzung anschlussfähige Definitionen des Begriffs Mindset. Im Zusammenhang mit agilen Methoden aufschlussreich ist das Mindset-Modell von Carol S. Dweck, Professorin für Psychologie an der amerikanischen Stanford-University. Dweck stellt in ihrem Modell jeweils zwei gegensätzliche Arten von Einstellungen und Glaubensätzen einander gegenüber: das Fixed Mindset und das Growth Mindset.

- Menschen mit einem *Fixed Mindset* neigen dazu, Kreativität, Intelligenz und Talent als unveränderbare Eigenschaften zu sehen. Anstrengungen wirken aus diesem Blickwinkel nur begrenzt: Fehler passieren, weil man es eben nicht besser oder anders kann; konstruktive Kritik ist entsprechend weder sinnvoll noch zielführend.

- Wessen Anschauung dagegen ein *Growth Mindset* zugrunde liegt, sieht die Möglichkeit einer ständigen persönlichen Weiterentwicklung: Anstrengung führt zum Ziel, Fehler und Kritik werden als Hinweise und Möglichkeit gesehen, Dinge anders zu machen oder mehr auszuprobieren.

Während ein Fixed Mindset also Glaubensätze wie »Ich bin, wie ich bin!« und »Der lernt es nie!« kennzeichnen, drückt sich ein Growth Mindset in Einstellungen wie »Ich kann noch viel mehr erreichen!« und »Fehler sind zum Lernen da!« aus. Dweck identifiziert das Growth Mindset entsprechend als agiles Mindset, weil es die Haltung widerspiegelt, die für eine agile Vorgehensweise notwendig ist.

In der folgenden Abbildung[17] sind beide Arten mit ihren wesentlichen Kennzeichen einander gegenübergestellt.

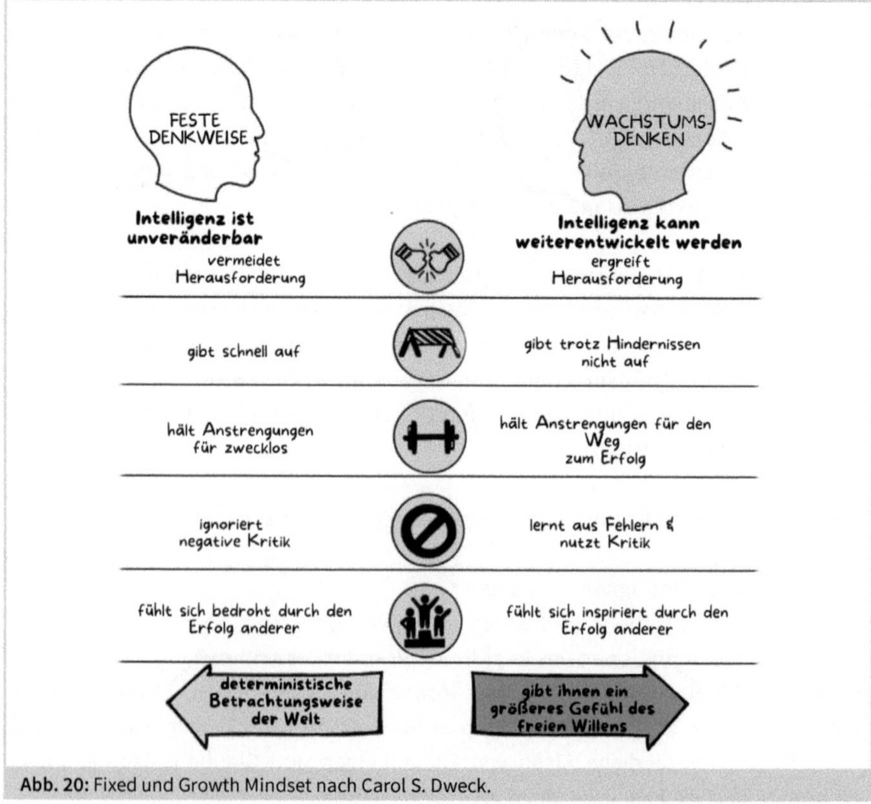

Abb. 20: Fixed und Growth Mindset nach Carol S. Dweck.

17 Dweck, C. S. (2007). Mindset: The New Psychology of Success (Updated edition). Ballantine Books, eigene Darstellung.

Dwecks Modell zielt ausdrücklich *nicht* auf eine Schwarz-Weiß-Betrachtung, vielmehr bildet es die Extrempole eines Kontinuums ab. Man wird kaum einen Menschen finden, dessen Mindset sich eindeutig und ausschließlich als Fixed oder Growth bzw. Agile identifizieren lässt. Es ist durchaus möglich, dass eine Person etwa bezogen auf Kreativität eine eher fixierte Einstellung besitzt (»Kreativ ist man oder ist man eben nicht.«) und zugleich im Umgang mit schwierigen Mitarbeitenden eine agile Herangehensweise bevorzugt (»Ein konstruktives Feedback-Gespräch ist sicherlich hilfreich.«).

Was Sie sich dennoch unbedingt klarmachen sollten, ist: Wenn bei Ihnen als Führungskraft und bei ihren Mitarbeitenden ein Fixed Mindset überwiegt, werden Sie mit der Umsetzung agiler Methoden und Tools mit hoher Wahrscheinlichkeit weniger wirkungsvoll sein. Jedoch: Fast immer sind auch agile und wachstumsoffene Glaubenssätze vorhanden, an die Sie anknüpfen können und – wenn Sie diese in Vordergrund stellen – von denen ausgehend Veränderungen von Mindset und Verhalten möglich sind. Unbedingte Voraussetzung dafür ist es, dass Sie einerseits Ihre eigenen, tiefgehenden Einstellungen kennen und sich diese bewusst machen und andererseits auch Ihre Mitarbeitenden dazu befähigen.

Das ist in der Regel sehr herausfordernd, da uns diese Einstellungen meist nicht bewusst und schwer zugänglich sind. Sie könnten mit Persönlichkeitstests arbeiten, um Zugang zu erhalten. Ich halte diese jedoch nur für eingeschränkt zielführend, denn diese Tests können mögliche Selbstwahrnehmungsverzerrungen (Bias) nur schwer eliminieren. Hier decken sich meine eigenen Erfahrungen mit den Ergebnissen verschiedener Studien: In der Einschätzung des eigenen Mindsets weichen Selbst- und Fremdwahrnehmung oft erheblich voneinander ab. So halten sich Führungskräfte selbst meist für deutlich agiler, als sie z. B. von ihren Mitarbeitenden eingeschätzt werden. Immer wieder erlebe ich erstaunte und enttäuschte Manager, die in Mitarbeiterbefragungen zu ihren Softskills wie Kommunikationsfähigkeit oder Wertschätzung regelrecht abgewatscht werden.

Als Führungskraft könnten Sie es sich leicht machen und davon ausgehen, dass die anderen offensichtlich nicht in der Lage sind, das, was Sie alles richtig machen, auch zu sehen (Fixed Mindset). Dann ändert sich jedoch nichts und Ihr Wirkungsgrad wird niedrig bleiben. Sie können aber auch eine Mitarbeiterbefragung oder jede beliebige, alltägliche Kommunikationssituation als Wirkungsindikator und als wertvolle Rückmeldung zu Ihrer eigenen Wirkung und Ihrem dahinterliegenden Mindset annehmen. Denn entscheidend ist: Als Führungskraft werden Sie an Ihrer Wirkung gemessen, nicht an Ihrer Absicht oder daran, ob Sie Recht haben. Entweder – wie im ersten Fall – Sie beharren darauf, mit Ihrer Sichtweise richtigzuliegen, wollen oder können diese (und damit auch sich selbst) nicht ändern und sehen die Bringschuld bei den anderen. Oder aber – wie im zweiten Fall – Sie nehmen Rückmeldungen zum Anlass, Ihr eigenes Verhalten und die dahinterliegenden Grundannahmen und -überzeugungen zu hinterfragen. Eine daraus resultierende veränderte Perspektive würde es Ihnen ermöglichen, Ihre Einstellung und Ihr Verhalten zu ändern. Im ersten Fall bliebe alles, wie es ist. Im zweiten Fall findet ein Lernprozess statt, der Ihren Wirkungsgrad erhöhen und Sie zu besseren Ergebnissen führen kann. Wenn Sie solche Lernschleifen bewusst durchlaufen, sind Sie in der Lage, Ihr bisheriges, gewohntes Mindset zu ändern.

Nicht in allen Situationen ist ein andauerndes Hinterfragen der eigenen Einstellungen jedoch sinnvoll. Wenn etwa die Aufgabenstellungen weniger komplex und das Umfeld relativ stabil sind, kann auch ein Fixed Mindset zu guten Ergebnissen führen. Je komplexer die Situation und je größer die Veränderungsdynamik, desto förderlicher ist jedoch das Growth bzw. Agile Mindset. In der im Kapitel 3.4 beschriebenen VUCA-Umwelt ist das zunehmend der Fall.

Lernende Führung und Strategieumsetzung

Basierend auf dem Fixed & Growth/Agile-Mindset-Modell und bezogen auf Führung und Umsetzung hat die Harvard-Professorin Amy Edmondson das Konzept von *Execution-as-Efficiency* vs. *Execution-as-Learning* entwickelt. Sie zeigt darin, wo und wie ein effizienzorientierter Führungsstil und die damit verbundene Umsetzungsarbeit sinnvoll sind und wie ein lernorientierter Führungsstil gerade dort wirkungsvoller ist, wo es um Komplexität und Dynamik geht.

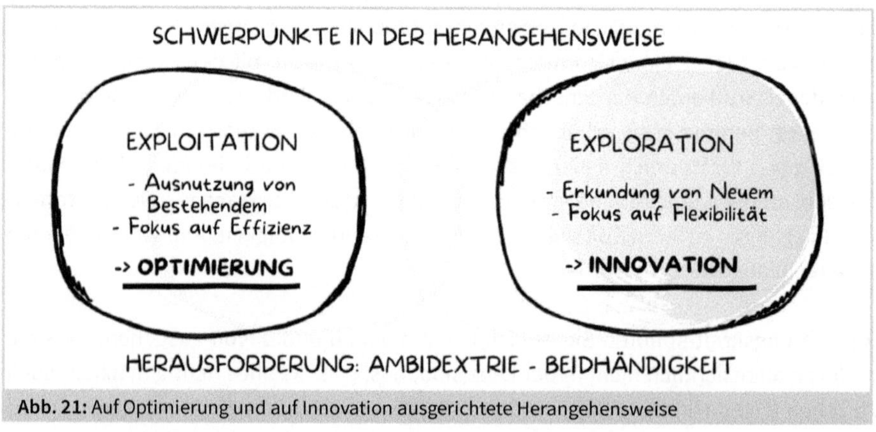

Abb. 21: Auf Optimierung und auf Innovation ausgerichtete Herangehensweise

Diese lernende Führung und Umsetzung folgen einem ganz bestimmten Grundsatz:

»Auch ich als Führungskraft weiß nicht alles, sondern mache Fehler, aus denen ich lerne. Und das erwarte ich auch von meinen Mitarbeitenden.«

Wenn dieser Grundsatz nicht nur als Lippenbekenntnis existiert, basiert er auf einem agilen Mindset und der Haltung, dass es nicht nur einen (Ihren oder meinen) richtigen Weg gibt, sondern je nach Gegebenheit und Perspektive mehrere Wege zum Ziel führen können. Bezogen auf die Strategieentwicklung bedeutet dies, dass die Strategie zwar einen Weg zum Ziel aufzeigt, dieser jedoch vorläufig ist und abhängig von sich verändernden Rahmenbedingungen auch angepasst werden kann und soll.

Für die Strategieumsetzung ergibt sich hieraus ein adaptives, iteratives und inkrementelles Vorgehen, in dem Maßnahmen weitgehend selbstorganisiert und explorativ sind, sodass Anpassungen an Veränderungen, an eine modifizierte Strategie und damit Lernen möglich sind.

Wenn Sie das Mindset Ihrer Mitarbeitenden, Kolleginnen und Kollegen ändern wollen, können Sie über Grundsätzliches, über Werte und Normen – also über das, was Sie für richtig halten – reden. Meist ist es jedoch besser und wirkungsvoller, wenn Sie auf der Handlungsebene ansetzen. Denn: Mindsets vergegenständlichen sich immer in Verhaltensweisen. Als Führungskraft können Sie Menschen nur sehr eingeschränkt mit Ansagen und Vorgaben verändern. Aber Sie können ein bestimmtes Mindset vorleben und werden so viel eher eine Verhaltensänderung erreichen. Dafür sollten Sie ein Vorbild für das Beispiel geben, das Sie erreichen wollen. Im Zweifelsfall wird sich Ihr Umfeld an Ihrem Mindset orientieren.

Das, was Sie für richtig und falsch halten, prägt Ihre Mitarbeitenden und Ihre Kollegen – und auch Ihre Chefin in ihrer Einschätzung Ihrer Person und Ihrer Leistung. Verschaffen Sie sich daher zunächst Klarheit über Ihr eigenes Mindset.

Übung 9: Welches Mindset prägt Sie? (ca. 60 min)

Wie beschrieben gibt es kein Schwarzweiß im Sinne von Agil- oder Nicht-Agil-Sein. Sie befinden sich, basierend auf Ihrem aktuellen Mindset, irgendwo auf einem Kontinuum. Und Sie haben bereits einige agile Anteile verinnerlicht, sonst wären Sie nicht da, wo Sie sind, und hätten auch dieses Buch nicht in der Hand.

Wenn Sie weiterkommen und an das, was da ist, anschließen wollen, machen Sie sich deutlich, wo Sie mehr oder weniger agile Anteile haben. Der folgende Fragebogen[18] kann Ihnen dabei helfen:

18 The Competitive Imperative of Learning. (2008, Juli 1). Harvard Business Review. https://hbr.org/2008/07/the-competitive-imperative-of-learning.

	1	2	3	4	5	6	
Effizienzorientierte Führung	☐	☐	☐	☐	☐	☐	Lernende (agile) Führung
Gibt Antworten und setzt SMART-Ziele	☐	☐	☐	☐	☐	☐	Stellt Fragen, erläutert Hintergründe und gibt Richtungen vor
Mitarbeitende folgen den Anweisungen	☐	☐	☐	☐	☐	☐	Mitarbeitende erarbeiten Antworten und Lösungsvorschläge in Teams
Prozesse werden im Vorfeld definiert und optimiert	☐	☐	☐	☐	☐	☐	Vorläufige Arbeitsprozesse werden als Ausgangsbasis geschaffen
Neue Arbeitsprozesse werden selten entwickelt, Veränderungsvorhaben werden als große Projekte implementiert	☐	☐	☐	☐	☐	☐	Arbeitsprozesse sind in ständiger Weiterentwicklung. Veränderungen werden mittels try-und-balance schrittweise umgesetzt
Feedbackprozesse laufen vom Chef zu den Mitarbeitenden, meist in der Form: »Das ist so nicht richtig.«	☐	☐	☐	☐	☐	☐	Feedback vom Chef in Form von Hinterfragen und Hinweisen, Feedback von Mitarbeitenden an den Chef in der Form eines fehlergeleiteten Lernens und einer weitergehenden Lösungssuche
Problemlösungen erarbeitet vor allem der Chef, Mitarbeitende entscheiden wenig und fragen bei Unsicherheit ihre Führungskraft	☐	☐	☐	☐	☐	☐	Problemlösungen und Entscheidungen sind auf allen Ebenen gefordert und werden übergreifend geteilt, um zu immer besseren Entscheidungen zu kommen
Fehler sind unerwünscht, jeder versucht, alles richtig zu machen, Fehler werden vertuscht, Fehlermeldung geht vor Ausprobieren neuer Lösungen	☐	☐	☐	☐	☐	☐	Fehler werden als Lernchance gesehen, das Entdecken und Erproben neuer, besserer Lösungen hat Priorität

Fragebogen Agile Anteile

Retrospektive

- Wie verorten Sie sich *insgesamt* auf einer Skala von 1 (effizienzorientiert) bis 6 (lernend/agil)?
- Wie würden Sie Ihre Kunden, Ihre Chefin und Ihre Mitarbeitenden auf der Skala verorten?
- In welchen drei Punkten der o. g. Kriterien sehen Sie für sich den größten Handlungsbedarf, um einen Schritt weiterzukommen?
- Wo würden Ihre Kunden, Ihre Chefin und Ihre Mitarbeitenden diesen Handlungsbedarf sehen?
- Was wäre anders? Welche Probleme würden Sie besser lösen, wenn Sie in diesen drei Punkten einen Schritt agiler wären?
- Was sollten Sie *in jedem Fall* tun, um *keinesfalls einen Schritt* weiterzukommen?

Resümee

Was hat Sie bei dieser Übung überrascht oder verwundert, was war interessant, hilfreich, was stimmt nachdenklich? Notieren Sie Ihre drei wichtigsten Erkenntnisse dieser Übung!

4.3 Am eigenen Mindset arbeiten

Sie haben nun eine Idee, wo Sie bezüglich Ihres Mindsets stehen und vor allem auch, wo andere Sie stehen sehen. Das ist zunächst eine weitgehend rationale Erkenntnis. Ihr Gefühl signalisiert Ihnen vielleicht ein gewisses Misstrauen; Sie fragen sich, wieso das, was bisher so gut funktioniert hat, möglicherweise auf einmal nicht mehr genügen sollte. Ist eine Veränderung des eigenen Denkens, des Mindsets wirklich notwendig?

Im Grunde ist es auch egal, wo Sie sich oben auf der Skala genau verorten, es gibt da kein Besser oder Schlechter. Sehr wichtig ist dagegen, dass Sie sich in die gewünschte Richtung bewegen. Das kann passiv geschehen (muss aber nicht) oder Sie gehen aktiv vor. Letzteres ermöglicht Ihnen, das Heft in der Hand zu behalten.

Wie können Sie also an Ihrem eigenen Mindset arbeiten und zu veränderten Einstellungen gelangen, sodass rationale Erkenntnis und gefühlte Einsicht zusammenpassen? Um hier weiterzukommen, ist es hilfreich, einige neurobiologische und psychologische Wirkungszusammenhänge zu verstehen, auf die wir im Folgenden kurz eingehen wollen.

Wenn es um Wahrnehmen, Bewerten, Entscheiden und Handeln geht, kennt unser Gehirn im Wesentlichen zwei Arbeitsweisen: Es agiert entweder nach dem Bewussten bzw. Rationalen oder nach dem Unbewussten bzw. Intuitiven. Je nachdem fällen wir eine Kopf- oder eine Bauchentscheidung. Das rationale und bewusste Denken ist neurobiologisch in der Hirnrinde, das intuitive und unbewusste Denken im inneren

Teil des Gehirns verortet. In den letzten zwanzig Jahren hat die Wissenschaft enorme Fortschritte dabei gemacht, diese beiden Arbeitsweisen zu analysieren. Daniel Kahnemann, der Nobelpreisträger für Verhaltensökonomie, hat in seinem sehr lesenswerten Buch »Schnelles Denken – Langsames Denken« das rationale und das intuitive Denken sowie das zugrundeliegende Zusammenspiel auf Basis zweier getrennter Systeme – System 1 und System 2 – beschrieben.

Warum ist das hier relevant? Unser Mindset wird vor allem durch unsere intuitiven und unbewussten Denkprozesse geformt, die nach anderen Prinzipien funktionieren als unser rationales Denken. Das bewusste Denken ist vergleichbar mit einem Computer, der nur wenig Arbeitsspeicher besitzt; der also linear-kausal sequenziell arbeitet und sehr langsam ist. Das intuitive Denken dagegen gleicht eher einem durch mehrere, untereinander vernetzte Prozessoren angetriebenen Computer mit enorm viel Arbeitsspeicher und paralleler Datenverarbeitung. Der Vorteil des bewussten Denkens liegt in seiner Präzision und seiner Detailgenauigkeit, was vor allem für Analysen sehr hilfreich ist: Wir können dann sehr genau begründen, warum etwas richtig oder falsch ist. Das intuitive Denken allerdings ist diffus, undifferenziert und detailarm, dafür aber assoziativ und sehr schnell: Wir spüren zwar, das etwas richtig oder falsch ist, können aber oft nicht genau sagen, warum. Das drückt sich dann häufig in einem guten oder unguten Gefühl aus.

Wenn Sie also in Ihren (rationalen) Analysen zu dem Schluss kommen, dass in Ihrer Strategieumsetzungsarbeit agile Arbeitsweisen hilfreich und zielführend wären, Sie jedoch gleichzeitig das sprichwörtlich diffuse Gefühl einer nicht wirklich ausgereiften Überzeugung verspüren, sind Sie in der typischen Ambivalenz, die wir auch sonst aus vielen Situationen kennen. Ihre Intuition, Ihr Mindset sagt Ihnen etwas anderes als Ihre rationalen Analysen. Während Ihre Rationalität Ihnen zuruft: »Fehler sind eine Möglichkeit zu lernen, nutze sie!«, warnt Ihr Mindset: »Achtung, Fehler sind gefährlich, sie müssen unbedingt vermieden werden!« Wenn Ihnen Ihre Intuition etwas sagt, hat sie ein gewichtiges Argument in der Hand: Emotionen und Gefühle. Diese sind in der Regel untrennbar mit intuitivem Wissen verbunden und führen dazu, dass Ihr Verhalten sich am Ende meist mehr an Ihrem Mindset und weniger an Ihren rationalen Erwägungen orientiert.

Weil das Mindset und die Intuition so stark mit Emotionen und Gefühlen[19] verbunden sind, werden sie in der Psychologie auch als emotionales Erfahrungsgedächtnis bezeichnet. Emotionen sind keine Störfaktoren, sondern wichtige Entscheidungshilfen auf der Basis von in der Vergangenheit erworbenem Wissen. Dieses Wissen formiert sich zu Erfahrungen, in denen Belohnung oder Bestrafung, angenehme oder unange-

19 Eine Abgrenzung dieser beiden Begriffe finden Sie in Kapitel 4.10.

nehme Gefühle eine Rolle gespielt haben. Sie hinterlassen unbemerkt und unbewusst Spuren im Gehirn einer Person und prägen ihr Mindset.

Gleichzeitig sind diese Erfahrungen mit Emotionen und Gefühlen verbunden. Wenn Sie aus guten, rationalen Gründen neue agile Arbeitsweisen mit höherer Fehlertoleranz einführen wollen, Ihr emotionales Erfahrungsgedächtnis jedoch viele schlechte Erfahrungen mit Fehlern gemacht hat, wird es Ihnen in Form eines unguten Gefühls deutlich davon abraten. Sie haben zwar die Möglichkeit, dieses Gefühl zu verdrängen und über *Selbstkontrolle* und *Disziplin* die neuen Arbeitsweisen dennoch einzuführen. Allerdings werden Sie dann vermutlich diesen inneren Zwiespalt immer wieder spüren, und vor allem: Sie wirken und agieren nicht überzeugend. Sie tun dann etwas, von dem alle anderen merken, dass Sie nicht dahinterstehen. Sie können dann nicht wirkungsvoll motivieren und erleben sehr wahrscheinlich das Scheitern Ihres Veränderungsvorhabens.

Übung 10: Modifizieren Sie aktiv Ihr Mindset (ca. 120 min)

Ändern Sie doch Ihr Mindset, könnte man sagen. So einfach das klingt, so anspruchsvoll ist die Aufgabe dahinter. Aber Sie können versuchen, Ihr ungutes Gefühl durch ein paar psychologische Tricks in ein gutes oder zunächst in ein besseres Gefühl zu verwandeln. So kann es Ihnen gelingen, Ihre rationalen Analysen mit Ihrem emotionalen Erfahrungsgedächtnis in Einklang zu bringen. Versuchen Sie, mit der folgenden Übung Stück für Stück an Ihrem Mindset zu arbeiten:

1. Werden Sie sich der beiden Arbeitsweisen Ihres Gehirns und der damit verbundenen Wahrnehmungs-, Bewertungs-, Entscheidungs- und Handlungsfähigkeit bewusst. Beobachten und vergegenwärtigen Sie sich, wann Sie eher rational-analytisch und wann Sie eher intuitiv auf Basis Ihres Mindsets agieren. Das ist gelegentlich schwerer, als es sich anhört. Häufig werden Sie versuchen, eine intuitive Ahnung lediglich rational zu begründen (»Das kann doch gar nicht funktionieren, weil ...«).
2. Entwerfen Sie bewusst ein positives Zukunftsbild, das sich für Sie gut anfühlt. Lenken Sie dazu Ihre Aufmerksamkeit auf den weiter entfernten angestrebten Zustand, in dem Sie beispielsweise bereits agile Methoden eingeführt haben. Betrachten Sie innerlich Ihr Unternehmen oder Ihre Organisationseinheit nach der erfolgreichen Umsetzung der Strategie; stellen Sie sich den Erfolg vor, den Sie und Ihre Mitarbeitenden damit haben und wie Sie dann dastehen werden. Mit diesem Bild im Kopf fällt es Ihrem emotionalen Erfahrungsgedächtnis leichter, über seinen Schatten zu springen. So können Sie auch mit Fehlern leichter und verständnisvoller umgehen, als Sie dies normalerweise tun würden.
3. Halten Sie sich aber auch die möglichen negativen Konsequenzen einer misslingenden Strategieumsetzung vor Augen. Wenn Sie schon so viel probiert

haben: Was passiert, wenn es nicht weitergeht und Sie scheitern? Wenn die Einführung agiler Methoden als mögliche Lösung im Raum steht, könnte dies ein Weg sein, das Schlimmste, also das Scheitern der Strategieumsetzung im Ganzen, zu verhindern. Ihr emotionales Erfahrungsgedächtnis wird in diesem Fall durch das mögliche Scheitern so getriggert, dass es dem Einführen agiler Methoden eher zustimmt. Nach dem Motto: Lieber ein paar Fehler tolerieren, als das gesamte Projekt scheitern lassen.

4. Deuten Sie die durch Ihr emotionales Erfahrungsgedächtnis negativ belegten Begriffe und Situationen neu. Wenn Ihnen Ihr Gefühl signalisiert, dass Fehler unbedingt vermieden werden müssen, können Sie diesen Punkt so umformulieren, dass sich das ungute in ein gutes Gefühl verwandelt. Ersetzen Sie »Fehler machen« z. B. durch »Neues ausprobieren«; oder – falls Ihr kleines Kind gerade mit dem Gehen beginnt – durch »Laufen lernen«. Sie überlisten Ihr emotionales Erfahrungsgedächtnis durch das bewusste Umdeuten in Begrifflichkeiten, die positiv besetzt sind, sodass sich Ihr schlechtes Bauchgefühl weniger vehement melden wird.
5. Achten Sie im Folgenden besonders auf positive Veränderungen, die Ihre neue Herangehensweise bewirkt. Welche – wenn auch noch so kleinen – Erfolge stellen sich ein? Sprechen Sie offen mit Ihren Mitarbeitenden darüber, würdigen Sie positive Reaktionen. Schließlich erfordern veränderte Randbedingungen auch verändertes Verhalten. Achten Sie darauf, was wirklich funktioniert, und lassen Sie Dinge sein, die nicht mehr funktionieren, auch wenn Ihr emotionales Erfahrungsgedächtnis daran hängt und wenn diese Dinge früher noch so gut funktioniert haben. Ändern Sie Ihr Verhalten und Ihre Herangehensweisen ernsthaft und nachhaltig, sodass Ihre Mitarbeitenden überrascht sind. Bringen Sie Ihren rationalen Verstand immer wieder mit Ihrem emotionalen Erfahrungsgedächtnis in Dialog, mit dem Ziel einer Einigung dieser beiden.

Retrospektive

- Wenn Sie sich die Ergebnisse dieser Übung durchlesen – welche Gedanken gehen Ihnen dazu durch den Kopf, welches Gefühl haben Sie dabei?
- Welche Bilder und Erfahrungen verbinden Sie mit diesen Gedanken?
- Welche Assoziationen verbinden Sie mit den Gefühlen, in welchen anderen Situationen treten vergleichbare Gefühle auf?
- Welche gute und hilfreiche Funktion könnte möglicherweise skeptische Gedanken und Gefühle haben, wovor schützen sie Sie möglicherweise?
- Welche Gedanken und Gefühle haben Sie bei der Vorstellung, mit einem agileren Mindset in Zukunft erfolgreicher zu sein?
- Wie würde dieser Erfolg aussehen, welche Gedanken und Gefühle haben Sie in diesem Erfolgsmoment?

- Wie können Sie Ihre Energie nutzen, um bewusster und aktiver an Ihrem Mindset zu arbeiten, was genau benötigen Sie dafür?
- Wie sieht der erste Schritt aus, um diese Energie zu nutzen?
- Was ist notwendig, damit Sie diesen ersten Schritt gehen?

Resümee

Was hat Sie bei dieser Übung überrascht oder verwundert, was war interessant, hilfreich, was stimmt nachdenklich? Notieren Sie Ihre drei wichtigsten Erkenntnisse dieser Übung!

Die gezeigte Vorgehensweise ist nur ein Auszug aus dem großen Repertoire der Methoden und Möglichkeiten, um an Ihrem Mindset zu arbeiten. Im Gegensatz zur oben genannten Selbstkontrolle und Disziplin, mit der Sie sich mittels Ihres rationalen Verstandes über Ihre Intuitionen hinwegsetzen, wird diese Vorgehensweise *Selbstregulation* genannt. Das heißt, Sie durchlaufen mehrere Schleifen einer Interaktion zwischen bewusstem Denken und emotionalem Erfahrungsgedächtnis und verändern auf diese Weise Ihr Mindset. Sie lernen und reduzieren die innere Ambivalenz, die hinderlich ist für wirkungsvolles und überzeugendes Handeln, für die Übereinstimmung von Absicht und erzielter Wirkung.

Wenn Sie das Gefühl haben, dass Ihnen das sehr schwerfällt, empfehle ich, dass Sie sich um Unterstützung bemühen, etwa durch Coaching. Wenn Sie – auch bei der Einführung agiler Methoden – gegen Ihre inneren Einstellungen, Ihr Mindset, Ihr emotionales Erfahrungsgedächtnis arbeiten, sinkt die Erfolgswahrscheinlichkeit Ihrer Umsetzung signifikant. In dem eingangs des Kapitels erwähnten Beispiel hat der Bereichsleiter durch ein mehrmonatiges Coaching die Fallstricke seines Mindsets erkannt und gezielt daran gearbeitet. Im Ergebnis wurde das Veränderungsprogramm nochmals modifiziert, in seinem Umfang verkleinert und neu gestartet, sodass die Mitarbeitenden besser abgeholt werden konnten. Erfolgsentscheidend war jedoch, dass es dem Bereichsleiter gelang, Änderungen in seinem Mindset vorzunehmen. Die Mitarbeitenden nahmen dies wahr und honorierten es durch eine bessere und wirkungsvollere Zusammenarbeit.

4.4 Die Kultur verspeist auch die Strategieumsetzung

Weshalb ist Kultur wichtig für die Umsetzung von Strategien? Weil – frei nach dem Management-Vordenker Peter Drucker – die Kultur auch die Umsetzung der Strategie zum Frühstück verspeist. Anders formuliert: Egal welche Strategie Sie umsetzen wollen – ohne die explizite Berücksichtigung der Kultur im Unternehmen und des damit verbundenen Rahmens werden Sie kaum erfolgreich sein. Ich erlebe häufig, dass

Führungskräfte von der Kultur sprechen, so als ob sie etwas Eigentümliches oder ein Gegenstand außerhalb des eigenen Wirkungsbereichs wäre. Kultur sind jedoch nicht die anderen und auch nicht das Unternehmen. Kultur wird gerade durch jede einzelne Führungskraft, also auch durch Sie, geprägt und gestaltet. Untersuchungen zeigen, dass die Vorbildwirkung der Führungskräfte mit Abstand der prägendste Faktor für die vorherrschende Kultur in Organisationen ist.

Einfach ausgedrückt: Kultur, das sind Sie und ihr Verantwortungsbereich!

Oft höre ich in Gesprächen »Wir haben eine schlechte Umsetzungskultur« oder »Der passt nicht zu unserer Kultur« oder auch »Wir haben keine Fehlerkultur.« Weitere häufig genutzte Kulturbeschreibungen, die Ihnen bekannt vorkommen dürften, sind Führungskultur, Entscheidungskultur, Streitkultur, Vertrauenskultur, Konsenskultur oder Vermeidungskultur. Was fällt dabei auf? Es geht immer um Formen des Miteinanders, um Zusammenarbeit. Allerdings werden diese Kulturbegriffe in der Regel sehr unterschiedlich interpretiert. Auf die Frage, was eine Kultur überhaupt ist, erhält man ähnlich vielfältige Antworten wie auf die Frage nach der Definition einer Strategie.

Einer der bekanntesten Forscher zum Thema Unternehmenskultur ist Edgar Schein. Der Sozialwissenschaftler hat sich viele Jahrzehnte mit dem Thema beschäftigt und dabei insbesondere die Bedeutung der Unternehmenskultur für Veränderungen innerhalb von Organisationen untersucht. Schein beschreibt Kultur strukturell auf drei Ebenen:

- Ganz oben befindet sich das Sichtbare. Dazu gehören Verhaltensweisen, Strukturen und Symbole, wie etwa das Verhalten in Meetings, die Anzahl der Hierarchiestufen oder die Dienstwagenregelungen.
- Auf der mittleren Ebene sind Präferenzen und Werte verortetet. Gemeint sind bekundete und gelebte Selbstbeschreibungen, wie z. B. »Wir sind Global Player«, »Für uns sind Ehrlichkeit und Verbindlichkeit wichtig« oder »Für uns zählt vor allem Qualität.«
- Auf der untersten Ebene befinden sich die Werte, die als selbstverständlich angenommen und nicht hinterfragt werden; das, was für richtig und falsch, was für wahr und unwahr gehalten wird. Diese Grundannahmen sind tief verwurzelt. Gemeint sind Aussagen wie »Ohne Fleiß kein Preis«, »Es zählt, was im Protokoll steht«, »Was nicht messbar ist, taugt nichts«. Diese Ebene bildet eine Art emotionales Erfahrungsgedächtnis der Organisation (in Kapitel 4.11 gehen wir noch ein bisschen mehr darauf ein). Die zugrundeliegenden Werte sind Ergebnis eines Lernprozesses, der gemachten und erlebten Erfahrungen vor allem darüber, was zu Erfolg und zu Misserfolg geführt hat.

In der folgenden Abbildung sind diese drei Ebenen nochmals dargestellt.

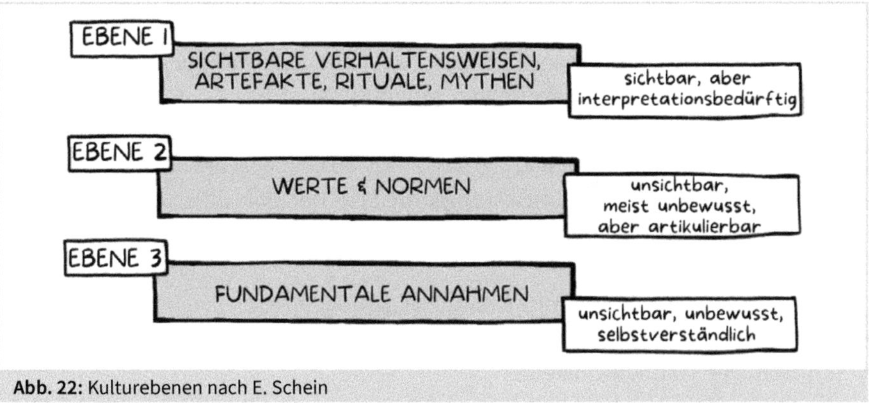

Abb. 22: Kulturebenen nach E. Schein

Unterschiedliche Teamkulturen durch unterschiedliche Führungsstile !

Im Projekt mit einem Kunden habe ich mehrere Workshops mit Mitarbeitenden in verschiedenen Teams durchgeführt, die alle exakt den gleichen Aufgabenbereich mit einer vergleichbaren Anzahl von Beschäftigen hatten und an der Umsetzung eines Change-Projektes arbeiteten. Da diese Workshops kurz hintereinander stattfanden und ich Vorgespräche mit den verantwortlichen Führungskräften geführt hatte, war ein unmittelbarer Vergleich leicht möglich. Alle Teams waren im Großraum Hamburg in verschiedenen Stadtteilen verortet und daher derselben Regionalleitung des Unternehmens zugeordnet.
Trotz der vergleichbaren Rahmenbedingungen nahm ich erhebliche Unterschiede in der Teamkultur wahr. Während die Mitarbeitenden eines Teams resigniert, uninteressiert, problemorientiert und destruktiv wirkten, waren die Angehörigen eines anderen Teams begeistert bei der Sache, sie waren engagiert und entwickelten motiviert Lösungen für ihre Problemstellungen. Die einen verkörperten die Haltung »Wir können hier eh nichts ändern, bringt alles nichts, ich halte mich raus!«, während die anderen deutlich die Haltung »Wir lassen uns nicht unterkriegen, das bekommen wir auch noch hin, lass es uns anpacken!« an den Tag legten.
Die Führungskraft des einen Teams wirkte hilf- und machtlos, hatte offensichtlich einen schweren Stand bei den Mitarbeitenden, bat mich fortwährend um Hilfe und beklagte die mangelhafte Unterstützung *von oben*. Die andere Führungskraft wirkte dagegen kraftvoll, klar und empathisch, nahm die Mitarbeitenden ernst, unterstützte und gestaltete Freiräume für Lösungen, dabei wandte sie sich kaum an mich. Dass sich dieses Verhalten in den Umsetzungsergebnissen der jeweiligen Teams widerspiegelte, liegt auf der Hand.

Die stark unterschiedlichen Teamkulturen bei vergleichbaren Rahmenbedingungen machten wieder einmal deutlich, wie groß der Einfluss einer Führungskraft auf das Miteinander und die Kultur der Organisation ist. Das bewusste Ausgestalten der Kultur beginnt bei Ihnen als Führungskraft. Auch wenn Sie manchmal das Gefühl haben, in Ihrer Unternehmenskultur *verhaftet* zu sein, haben Sie dennoch Spielraum zur Gestaltung, auch wenn es nur in Ihrem direkten Wirkungsfeld ist.

Was zeichnet somit eine Kultur aus, die sich an agilen Grundsätzen orientiert, die produktiv und förderlich für agile Umsetzungsarbeit ist? Der Einfachheit halber greife ich nochmals auf das Growth bzw. Agile Mindset zurück.

Eine produktive und agil-förderliche Kultur ist geprägt durch:

- Gestalten statt Ausführen lassen
- Ermächtigen statt Kontrollieren
- Neues ausprobieren statt Bekanntes verbessern
- Ausprobieren statt Abwarten
- Transparenz statt Zurückhalten von Informationen
- Zuhören statt Reden
- Überzeugungen hinterfragen statt verteidigen
- Querdenker fördern statt aussortieren
- Nachdenken über Kritik statt Verteidigungshaltung
- »Warum nicht?« statt »Geht nicht, weil ...«

Sie haben sicher bereits Vorstellungen und Ideen, wie Sie sich und Ihr Unternehmen in Bezug auf die Kultur einschätzen und wo mögliche kulturelle Gründe für eine nicht zufriedenstellende Strategieumsetzung liegen. Möglicherweise sehen Sie eine mangelhafte Unternehmenskultur sogar als Hauptgrund dafür, dass Ihre Strategieumsetzung scheitert.

Wenn Sie ihre Kultur auf diese Weise analysieren und Ihnen klar wird, dass Sie etwas ändern wollen oder auch müssen, schauen Sie zuerst auf sich selbst: auf Ihr Selbstbild, Ihre Einstellungen und Ihr damit verbundenes Verhalten. Denn vor allem mit diesen Dingen prägen Sie die Kultur in Ihrem Umfeld. Mit der Frage, welche Rolle Ihre Führung bei der Strategieumsetzung spielt, beschäftigen wir uns im nächsten Kapitel.

In der folgenden Übung können Sie die Kultur Ihres Unternehmens und Ihres eigenen Verantwortungsbereichs grob analysieren. Seien Sie dabei so offen und ehrlich wie möglich.

Übung 11: Kultur-Check (ca. 30 min)

Die einzelnen Punkte sind an die Kurzskala zur Erfassung der Unternehmenskultur, einem wissenschaftlichen Erhebungsverfahren, angelehnt. Markieren Sie jeweils, wie Sie Ihr Unternehmen (Kreuz) und wie Sie Ihren eigenen Verantwortungsbereich (Kreis) einschätzen.

	1	2	3	4	5	6	
Gestalten	☐	☐	☐	☐	☐	☐	Ausführen
Ermächtigen	☐	☐	☐	☐	☐	☐	Kontrollieren
Neues ausprobieren	☐	☐	☐	☐	☐	☐	Bekanntes verbessern
Ausprobieren	☐	☐	☐	☐	☐	☐	Abwarten
Transparenz	☐	☐	☐	☐	☐	☐	Informationen zurückhalten
Zuhören	☐	☐	☐	☐	☐	☐	Selbst sprechen
Überzeugungen hinterfragen	☐	☐	☐	☐	☐	☐	Verteidigen
Querdenker fördern	☐	☐	☐	☐	☐	☐	Querdenker aussortieren
Über Kritik nachdenken	☐	☐	☐	☐	☐	☐	Als Angriff sehen
»Warum nicht?«	☐	☐	☐	☐	☐	☐	»Geht nicht, weil …!«

Fragebogen zur Kultureinschätzung

Retrospektive

- Was fällt Ihnen auf, wenn Sie auf die Ergebnisse schauen?
- Wo stehen Sie mehr links, wo mehr rechts?
- Gibt es Ausreißer?
- Ist Ihre Selbsteinschätzung besser ausgefallen als die Ihres Unternehmens?
- Wo passt die Kultur zur Strategie, wo nicht?
- Welche Punkte helfen Ihnen bei der erfolgreichen Umsetzung der Strategie?
- Bei welchem Punkt sehen Sie den größten Hebel, um die Umsetzung der Strategie zu verbessern?
- Welchen Beitrag können Sie bei diesem Punkt selbst durch Ihr eigenes Verhalten leisten, um einen Schritt voranzukommen?
- Woran genau würden Sie Verbesserungen feststellen?

Resümee

Was hat Sie bei dieser Übung überrascht oder verwundert, was war interessant, hilfreich, was stimmt nachdenklich? Notieren Sie Ihre drei wichtigsten Erkenntnisse dieser Übung!

4.5 Managen und Führen

Als Führungskraft sind Sie vielleicht nicht immer verantwortlich für die Strategie, in der Regel jedoch für deren Umsetzung. Weit gefasst lässt sich sogar sagen, dass Sie als Führungskraft immer Strategien umsetzen, denn auch die Bewältigung des Tagesgeschäfts ist bestenfalls die Umsetzung einer Strategie zum langfristigen Erfolg für Kunden und Unternehmen. Sie können dabei managen oder führen, meistens mehr oder weniger beides.

Worin besteht der Unterschied? Wenn Sie eine Strategieumsetzung *managen*, dann planen und organisieren Sie Arbeitspakete, messen Kosten und Zeiten und steuern die Umsetzung. Wenn Sie indessen eine Strategieumsetzung *führen*, entwickeln Sie Teamgeist, schaffen Grundlagen für Vertrauen, Motivation, Engagement und kümmern sich um interessensbedingte und kulturelle Konflikte zwischen den Beteiligten.

Der Zusammenhang zwischen Management und Führung ist einfach: Sie *managen* Dinge (Was) oder Sachen und *führen* Menschen (Wie). Als guter Strategieumsetzer tun Sie also beides. Die Rolle des Managers ist ihnen vermutlich geläufig, dafür benötigen Sie die Kompetenzen, die der tradierten Vorstellung einer Führungskraft entsprechen. In einem meiner ersten Managementseminare hieß es: »Eure Aufgabe ist es vor allem, zu steuern, zu messen und zu regeln.« Menschliche Aspekte kamen in diesem Seminar damals nicht vor.

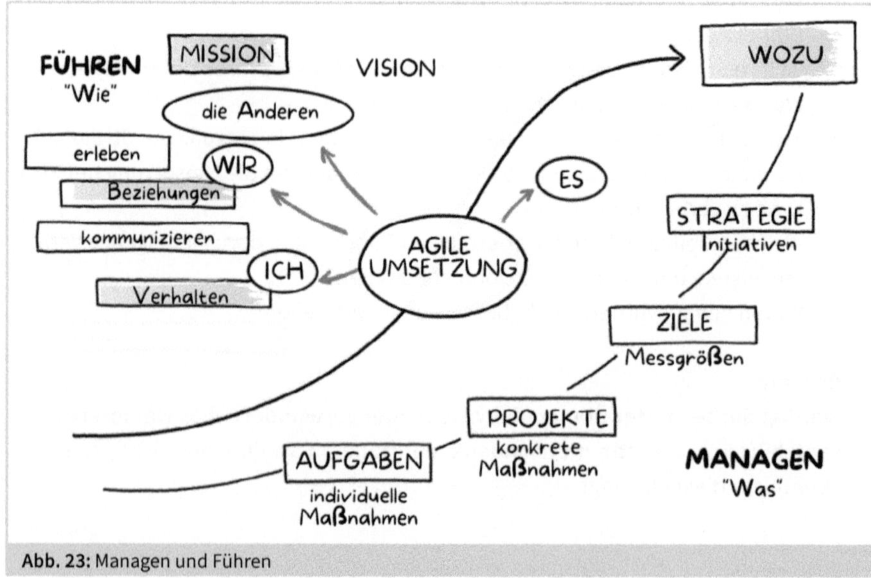

Abb. 23: Managen und Führen

Ein Vorgehen, das auf einer agilen Haltung basiert, legt jedoch ein besonders großes Augenmerk auf die Führung von Menschen und damit auf menschliche und zwischenmenschliche Phänomene. Bei Spotify, einem Unternehmen mit typisch agiler Kultur, gilt der gelebte Leitsatz: »Menschen sind wichtiger als alles andere.« Meine Erfahrung ist, dass das für den Erfolg von Umsetzungsarbeit faktisch immer von hoher Relevanz ist. Nur steht diese Erkenntnis bei Weitem nicht überall so im Fokus des Bewusstseins wie bei Spotify.

Ich habe Erfolgs- und Misserfolgszuschreibungen bei Umsetzungsprojekten erlebt, die sich auf Software oder Tools, auf Wettbewerber oder auf Projektpläne, aber nicht auf die Führung von Menschen bezogen haben. Bei genauerer Betrachtung wurde jedoch deutlich, dass der Umgang mit Menschen immer der zentrale Erfolgsfaktor ist. Ob und wie Software oder Tools ein- und Projektpläne umgesetzt werden, wie der Blick auf den Wettbewerber erfolgt: Alles läuft am Ende immer auf das Gestalten menschlicher Beziehungen hinaus. Sie sind als Führungskraft neben Ihren Managementaufgaben gewissermaßen ein *sozialer Architekt*. Management ist die Pflicht und das Führen von Menschen im digitalen Wandel viel mehr als die Kür. In ihm verändern sich auch die Ansprüche von Mitarbeitenden und die Anforderungen an Kooperation und Qualifizierung grundlegend. Als Führungskraft haben Sie damit umzugehen.

Um eine agile und ergebnisorientierte Strategieumsetzung zu erreichen, die auch und gerade die zwischenmenschlichen Aspekte einschließt, sollten Sie Ihr eigenes Führungsverhalten gründlich analysieren und reflektieren. Die eigenen Werte, Bedürfnisse und Motive zu kennen und zu verstehen ist die Basis dafür, um als Führungskraft wirkungsvoll zu agieren. Wer seine Stärken und Schwächen, seine Befindlichkeiten und damit auch seine *eigene innere Landkarte* kennt, ist in der Lage, sich selbst und anderen mit Wertschätzung, Offenheit und Respekt zu begegnen und damit wirkungsvoll zu führen. Vor allem im Umgang mit Komplexität und Dynamik spielen das Selbstverständnis zur Führung und damit verbundene Herangehensweisen eine wichtige Rolle. Bill Joiner hat in seinen Arbeiten zu *Leadership Agility* an der Harvard University drei Führungskategorien herausgearbeitet (siehe die folgende Abbildung 24[20]):

20 https://www.researchgate.net/publication/335802402_Leadership_Agility_for_Organizational_Agility, eigene Darstellung.

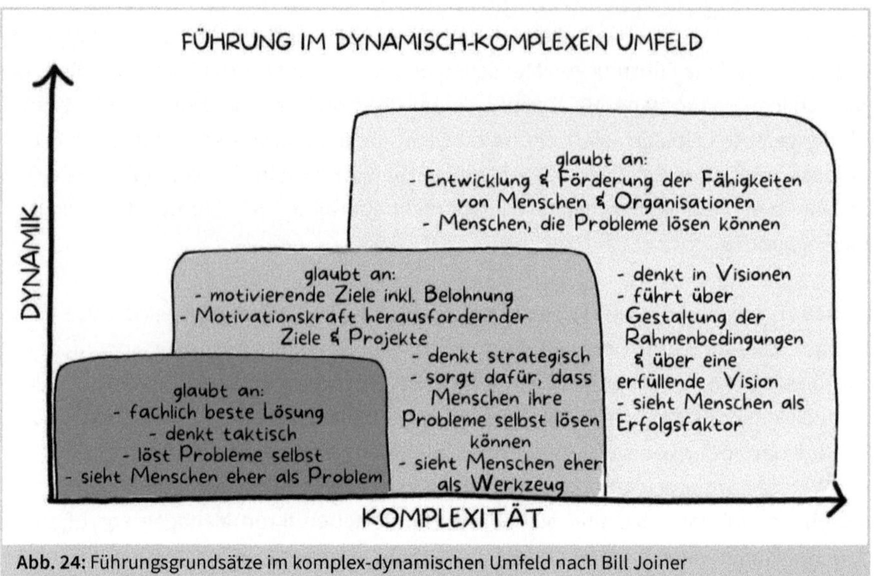

Abb. 24: Führungsgrundsätze im komplex-dynamischen Umfeld nach Bill Joiner

Es ist wichtig, dass Sie Ihr Selbstbild mit Ihrem Fremdbild – wie *Sie* sich und Ihre Führung sehen und wie *Ihr Umfeld*, vor allem Ihre Kunden, Ihr Chef und Ihre Mitarbeitenden, Sie wahrnehmen – abgleichen. Es ist wenig hilfreich, wenn Sie sich vor allem für sehr empathisch und strukturiert halten, andere jedoch Durchsetzungskraft und Methodenwissen als Ihre wesentlichen Stärken ausmachen.

Möglicherweise haben Sie schon über 360°-Feedbacks, Mitarbeiterbefragungen oder Persönlichkeitstests eine Selbst- und Fremdeinschätzung Ihres Führungsstils entwickelt. Sie führen vielleicht mehr mit klaren Zielen und strukturierter Vorgehensweise oder aber eher mitarbeiterorientiert, empathisch und visionär, möglicherweise auch situativ nach dem Reifegrad Ihrer Mitarbeitenden. Oder Sie nutzen von allem etwas.

Ich möchte dennoch mit der folgenden Übung ein weiteres Mal Ihr Augenmerk auf wesentliche Kompetenzen einer Führungskraft für agile Strategieumsetzung lenken, die für Management und Führung bedeutsam sind.

Übung 12: Blick auf Führung aus verschiedenen Perspektiven (ca. 60 min)

Ziehen Sie sich für die Übung eine Stunde zurück. Sie werden im Folgenden aus verschiedenen Perspektiven Ihren Führungsstil betrachten.

Versuchen Sie, sich zunächst in die Rolle Ihrer Chefin zu versetzen, gewissermaßen ihre Brille aufzusetzen und aus dieser Perspektive auf sich selbst zu schauen. Wie würde sie Sie bei den folgenden Kompetenzbeschreibungen einschätzen?

	Trifft zu					Trifft weniger zu
	1	2	3	4	5	6
Die Kompetenz zum Verständnis einer Strategie sowie zur Reflexion der Qualität ihrer grundlegenden Inhalte	☐	☐	☐	☐	☐	☐
Das Verfügen über grundlegende Kompetenzen und das Beherrschen der Basiswerkzeuge	☐	☐	☐	☐	☐	☐
Die Kompetenz, Gruppen anregend und überzeugend zu leiten sowie verschiedene Veranstaltungsformate ermutigend und gewinnend zu moderieren	☐	☐	☐	☐	☐	☐
Die Kenntnis und die Fähigkeit zur Anwendung verschiedener Interventionstechniken und -methoden	☐	☐	☐	☐	☐	☐
Die Fähigkeit, aus diesem Repertoire die richtigen Handlungsmöglichkeiten auszuwählen und sie ebenso zielgerichtet wie sensibel einzusetzen	☐	☐	☐	☐	☐	☐
Antizipatorische Kompetenz im Hinblick auf Situationen, deren voraussichtliche Entwicklung und die damit verbundenen angemessenen Handlungsweisen abzuleiten	☐	☐	☐	☐	☐	☐
Die Fähigkeiten, die sozialen Herausforderungen eines Umsetzungsprojektes zu erkennen sowie den Verantwortlichen nachvollziehbar zu vermitteln, und auf dieser Basis angemessene Umgangs- und Handlungsweisen	☐	☐	☐	☐	☐	☐
Die Fähigkeit, zu allen Stakeholdern gute Beziehungen aufzubauen, sie sowohl im Einzelgespräch als auch in Diskussionen zu erreichen und ihnen Mut zur Veränderung zu machen	☐	☐	☐	☐	☐	☐
Kompetenz im Hinblick auf das Verständnis und den Umgang mit komplexen sozialen Situationen	☐	☐	☐	☐	☐	☐
Die Bereitschaft, Stellung zu beziehen, zum Eingehen von Risiken sowie zur Offenlegung und konstruktiven Bewältigung von Konflikten	☐	☐	☐	☐	☐	☐

	Trifft zu					Trifft weniger zu
	1	2	3	4	5	6
Die Kompetenz, mit Top-Managern gedanklich und sprachlich auf Augenhöhe zu kommunizieren, in ihrer Denk- und Sprachwelt zu erreichen, ihre Dominanz auszuhalten, ohne sich einschüchtern zu lassen oder in Dominanzkonflikte zu geraten	☐	☐	☐	☐	☐	☐
Das Rüstzeug, sich aus Situationen großen sozialen Drucks oder starker Emotionen nicht innerlich durch Resignation oder äußerliche Flucht zurückzuziehen	☐	☐	☐	☐	☐	☐
Die Professionalität sowie die persönliche und fachliche Reife, auch in Drucksituationen die Situation im Blick zu behalten, auch unter massivem Druck nicht ich-haft zu reagieren, sondern sachbezogen das beste Interesse des Projektes und des Auftrags zu vertreten	☐	☐	☐	☐	☐	☐

Fragebogenübung zu Kompetenzbeschreibungen

a. Wechseln Sie nun die Perspektive und begeben sich auf den Stuhl eines Ihrer Mitarbeitenden. Versetzen Sie sich in seine Situation, schauen Sie mit den Augen Ihres Mitarbeiters auf sich selbst. Reflektieren Sie, wie Ihr Mitarbeiter Sie einschätzt, füllen Sie denselben Fragebogen aus seiner Sicht aus. Markieren Sie die Antworten mit einer anderen Farbe oder einem anderen Symbol.
b. Wechseln Sie ein letztes Mal die Perspektive. Nun folgt Ihre Selbsteinschätzung, Sie begeben sich also auf Ihren eigenen Stuhl. Wie schätzen Sie die Ausprägung der beschriebenen Kompetenzen bei sich selbst ein? Markieren Sie dies wiederum mit einer anderen Farbe oder einem anderen Symbol auf dem bereits bearbeiteten Fragebogen.

Retrospektive

- Schauen Sie anschließend auf die Ergebnisse, vergleichen Sie und lassen Sie Ihre Erkenntnisse sacken.
- Was fällt Ihnen auf?
- Welche Perspektive ist Ihnen schwerer, welche leichter gefallen?
- Wo gibt es die größten Abweichungen?

Im Grunde genommen ist diese Übung eine Wirkungsanalyse Ihrer Führungsarbeit. Einerseits erleben Sie Ihre Kompetenzen stets selbst, andererseits werden Ihnen Kompetenzen von anderen zugeschrieben. Erst, wenn beides im Ergebnis weitgehend übereinstimmt, können Sie die Wirkung Ihres Handels gut einschätzen. Und erst, wenn Sie Ihre soziale Wirkung zuverlässig beurteilen können, sind Sie auch in der Lage, empathisch, vertrauensbildend, wertschätzend und zielgerichtet in Ihrem sozialen Kontext zu agieren. Das ist die Voraussetzung für agile Führungs- und Umsetzungsarbeit, die den Menschen in den Mittelpunkt stellt.

Resümee
Was hat Sie bei dieser Übung überrascht oder verwundert? Was war interessant, hilfreich, was stimmt Sie nachdenklich? Notieren Sie Ihre drei wichtigsten Erkenntnisse dieser Übung!

4.6 Erklären Sie noch oder verstehen Sie schon? Dynamik, Komplexität und Unsicherheit

Ihre Führung einschließlich der daraus resultierenden Wirkung muss die Antwort auf die Herausforderungen der Strategieumsetzung sein, die sich in Ihrem Verantwortungsbereich vor allem durch zunehmende *Dynamik*, *Komplexität* und damit verbundene *Unsicherheiten* ergeben. Ich möchte in diesem Abschnitt nochmals genauer auf diese drei wichtigen Begriffe und deren Bedeutung für agileres Vorgehen eingehen.

In meinem Ingenieurstudium durfte ich mich intensiv mit Technischer Mechanik befassen. Dynamische Systeme sind hier ein wichtiger Bestandteil, wobei Dynamik als die Lehre von bewegten Körpern unter Einwirkung von Kräften über die Zeitachse verstanden wird. Ich erinnere mich an sehr aufwändige Integral- und Differentialgleichungen dazu. In der Betriebswirtschaft habe ich den Begriff Marktdynamik zunächst als das sich zeitlich verändernde Wechselspiel von Angebot und Nachfrage bezogen auf den Preis kennengelernt. Mittlerweile wird Dynamik synonym über Angebots- und Nachfrageverhalten hinaus für jede Art von Veränderung verschiedener Marktfaktoren verwendet. Dazu gehören beispielsweise Internationalisierungs-, Innovations-, Wettbewerbs- oder Regulierungsdynamik. Das Entscheidende ist: Dynamik ist das Gegenteil von Statik, die das Ruhende, aber auch das gleichförmig Bewegte umfasst. Dynamik beinhaltet somit immer eine Änderung der Geschwindigkeit, d. h. Beschleunigung oder Verzögerung. Wenn die Beschleunigung gleichbleibt, wird von einer konstanten Dynamik gesprochen.

Aber zurück zum Ausgangspunkt. Gegenwärtig verbinden wir mit einer zunehmenden Dynamik vor allem eine zunehmende Veränderungsgeschwindigkeit. Im Allgemeinen umschreiben wir das als eine starke Veränderung. Das ist das, was wir im Markt, im

Unternehmen und unserem direkten Umfeld spüren und beobachten; die Geschwindigkeit der Veränderung entscheidungsrelevanter Faktoren nimmt zu. Eine unerwartete und starke Disruption, etwa eine Pandemie, führt sogar zu einer extrem hohen Veränderungsbeschleunigung. Das, was gestern noch galt, gilt dann sprichwörtlich über Nacht nicht mehr. Im Ergebnis erschwert dies die Einschätzung der Zukunft und damit auch das Entwickeln und Umsetzen von Strategien gravierend. Die Welt scheint immer komplexer, unüberschaubarer und sprichwörtlich unberechenbarer.

Dieser Zustand wird als unsicher, ungewiss erlebt und verbindet sich dann häufig mit negativen Gefühlen wie Angst und Sorge. Grund dafür ist die emotionale Einschätzung, dass die Voraussetzungen für erfolgreiches Handeln nur noch eingeschränkt gegeben sind. Abschätzbarkeit, Vorhersehbarkeit, Überschaubarkeit werden als Bedingungen für gezieltes und sinnvolles Agieren gesehen. Aber welche Voraussetzungen vorherrschen, was zu erwarten ist, was getan werden könnte und mit welchen Folgen zu rechnen ist, wird zunehmend schwierig einzuschätzen. Wenn dies für eine Organisation, ein Team oder einen Menschen schließlich als eine Bedrohung der Handlungs- und Funktionsfähigkeit erlebt wird, können panik- und krisenartige Situationen entstehen.

Eine recht simple Möglichkeit, dem entgegenzuwirken, ist ein veränderter Umgang mit Dynamik und Komplexität. Ein Weg des Umgangs ist die Reduktion der Komplexität durch Trivialisierung, indem bestimmte Einflussfaktoren einfach ausgeblendet (etwa relativiert: »Das ist doch gar keine Pandemie.«) und damit Abschätzbarkeit und Handlungsfähigkeit scheinbar wiederhergestellt werden.

Um einzuschätzen, ob das eine gute Lösung sein kann, ist es zunächst wichtig, den Begriff Komplexität genauer zu umreißen. Was bedeutet *komplex*? Und meint es dasselbe wie kompliziert? Im Alltag verwenden wir diese Begriffe häufig synonym: Der Prozess ist zu komplex oder der Kollege ist mal wieder kompliziert. Beide Begriffe wurden durch die Systemtheorie geprägt und beschreiben Systeme, deren Komponenten auf unterschiedlichste Weise miteinander in Interaktion stehen.

- Wenn diese Interaktionen nachvollziehbar sind und in einer linearen Ursache-Wirkungs-Beziehung stehen, handelt es sich um ein *kompliziertes* System.
- Wenn die Interaktionen zwischen den Systemelementen dynamisch, nichtlinear, rekursiv und damit nicht erklärbar sind, handelt es sich um ein *komplexes* System.

Von einem komplizierten System kennen wir die innere Ordnung, es lässt sich in Algorithmen beschreiben und ist damit berechenbar. Dazu gehören alle mechanistisch geprägten Systeme, etwa Dampfmaschinen, aber auch Kernkraftwerke oder das Internet. Die innere Ordnung eines komplexen Systems ist dagegen nicht bekannt, es lässt sich nicht in Algorithmen abbilden. Dazu gehören Systeme wie das Gehirn, Pflanzen oder Eisblumen, aber auch soziale Systeme wie Teams, Abteilungen und Unternehmen, die per se immer komplexer Natur sind.

Warum aber ist das wichtig für die agile Umsetzung von Strategien und das damit notwendige Gestalten menschlicher Beziehungen? Weil wir schlicht sehr häufig komplex mit kompliziert verwechseln. Lösungsansätze für komplizierte Problemstellungen wie etwa das klassische Projektmanagement basieren darauf, dass ein Problem in immer kleinere und dann lösbare Teilprobleme heruntergebrochen werden kann. Haben Sie hingegen schon einmal versucht, Ihre Beziehungskrise mit Projektmanagement zu lösen?

Komplexe Probleme können nicht mit Tools für komplizierte Problemstellungen gelöst werden. Wir sind im beruflichen Kontext und durch unsere berufliche Ausbildung jedoch meist so sozialisiert, dass wir Probleme als komplizierte Aufgabenstellung verstehen und mit linear-kausalen Lösungsansätzen zu bearbeiten versuchen. Das Finden und Erklären von Ursache und Wirkung, Richtig und Falsch, steht dabei im Vordergrund. Im Zweifelsfall und wenn wir gar nicht mit diesen Ansätzen weiterkommen, finden wir einen vermeintlich Schuldigen als Verursacher des Problems und haben damit scheinbar alles erklärt.

Wie kann man nun mit komplexen Herausforderungen wie z. B. dynamischen Marktentwicklungen umgehen, wie in zwischenmenschlichen Beziehungen agieren? Der wichtigste Schritt dazu: Versuchen Sie nicht mehr zu erklären, was der Grund des Problems ist; fragen Sie nicht: »Was ist der Grund für das Problem?« In Erklärungen suchen wir immer nach einer *eindeutigen Ursache* für ein Problem. Eine solche werden Sie aber bei komplexen Herausforderungen kaum ausmachen können.

Aber kann es wirklich ein Ergebnis, eine Wirkung ohne eindeutige Ursache geben? Gibt es nicht immer eine Ursache?

Das Kinderzimmer-Mobile !

Es ist früh am Morgen, ich komme leise und unbemerkt ins Zimmer meiner dreijährigen Tochter. Ich sehe und beobachte, wie sie im Bett liegend mit dem Mobile spielt, das sie vor längerer Zeit geschenkt bekommen hat. Sie tippt immer wieder an einzelne Teile des Mobiles und schaut gebannt, was danach passiert. Manchmal bewegt sich das Mobile langsam und rotiert. Wenn sie an anderer Stelle etwas fester antippt, macht es – sehr zum Ärger meiner Tochter – sehr schnelle und unkontrollierte Bewegungen. Sie tippt immer wieder daran und findet nach und nach heraus, wo und wie sie das Mobile berühren muss, damit ein ähnlicher Bewegungsablauf mit der gleichen Rotationsrichtung entsteht.

Damals habe ich mit Freude ihr vertieftes Spielen wahrgenommen. Heute würde ich sagen: Meine Tochter hat Komplexität bewältigt. Ein Mobile ist, aus mechanischer Sicht, ein hochkomplexes System. Der Bewegungsverlauf eines Mobiles, die sogenannte kinematische

Kette, lässt sich nicht berechnen und somit auch nicht nach dem Ursache-Wirkungs-Prinzip eindeutig erklären. Was meine Tochter unbewusst und spielerisch gemacht hat: Sie versuchte, das System Mobile zu *verstehen*, indem sie es immer wieder an verschiedenen Stellen angestoßen und den darauffolgenden Bewegungsablauf beobachtet hat. Sie hat solange neugierig damit experimentiert, bis sie herausgefunden hat, wie und wo sie es berühren muss, damit es eine ähnliche Bewegung macht. Ohne das Mobile selbst zu erklären, hat sie es zunehmend in seinen Bewegungsabläufen und Wirkungszusammenhängen verstanden. Meine Tochter hat sozusagen die agile Herangehensweise zur Lösung komplexer Probleme durch Lernen in Schleifen für sich entdeckt: Probiere, erkenne, reagiere.

Was ist etwa die Ursache für eine signifikante Zielverfehlung in einem Teilprojekt zur Einführung eines neuen Kollaborations-Tools? Die ungeeignete Software, der wenig durchsetzungsstarke Projektleiter, kaum motivierte Projektmitglieder oder die mangelhafte Zusammenarbeit mit anderen Bereichen? Wenn Sie simplifizieren, werden Sie einen dieser Punkte als Ursache ausmachen und den Rest weitgehend ausblenden. Dann haben Sie zwar eine Erklärung für sich gefunden, jedoch vermutlich eine andere als der Projektleiter oder eines der Projektmitglieder. Es handelt sich hier um eine komplexe Gemengelage, das Wechselspiel verschiedener Einflussfaktoren, die zum Scheitern des Projektes geführt haben. Eine eindeutige, triviale Erklärung gibt es leider nicht.

Statt eindeutige Ursachen zu finden und vermeintlich zu erklären, können Sie versuchen, zu verstehen. Sich also fragen: »Wie spielen die Dinge zusammen?« Verstehen bedeutet vor allem, sich in das komplexe System hineinzuversetzen, auf Wirkungszusammenhänge zu achten und diese zu deuten. Damit trivialisieren Sie Komplexität nicht, sondern versuchen, sie zu erfassen. Im Fall des gescheiterten Projektes könnten Sie sich in die Rolle der Akteure hineinversetzen und versuchen, das Projekt (System) aus deren Perspektive zu betrachten. So bekommen Sie ein besseres Gefühl für die Intention und Motivation der Beteiligten und der damit verbundenen, möglichen Zusammenhänge. Vielleicht stellen Sie dann fest, dass es nicht *einen Grund* für das Misslingen gibt, sondern eine *Wechselwirkung* zwischen einem unsicheren Projektleiter, fachlich überlasteten Projektmitgliedern und der geringen Anbindung an den Betrieb der IT ursächlich sein könnte.

Wenn Sie diese Erkenntnis gewinnen, könnten Sie dem Problem mit sogenannten DevOps-Teams (Development/Operations-Teams)[21] begegnen. Diese stehen für eine Form co-kreativer Zusammenarbeit relevanter Mitarbeitender aus verschiedenen Linienfunktionen, beispielsweise aus Entwicklung und Betrieb.

21 DevOps ermöglicht zuvor getrennten Rollen wie Entwicklung, IT-Betrieb, Qualitätstechnik und Sicherheit, sich zu koordinieren und zusammenzuarbeiten, um bessere und zuverlässigere Produkte zu liefern.

Wenn Sie Änderungen im Projekt, d.h. am System, in kleinen Schritten umsetzen, nach jedem Schritt die beobachteten Veränderungen mit den Beteiligten bezogen auf den gewünschten Fortschritt analysieren und davon abhängig den nächsten Schritt gemeinsam festlegen, wäre dieses agile Vorgehen vermutlich hilfreicher, als wenn Sie versuchen würden, das Scheitern an einer bestimmten Ursache festzumachen. Sie müssen im komplexen Kontext nicht die genaue Ursache eines Problems finden; das ist, im Gegensatz zum Fall einer komplizierten Aufgabenstellung, ohnehin nicht möglich. Durch wiederholtes Probieren, Erkennen und Reagieren können Sie eine Lösung finden, auch ohne unbedingt die Problemursache zu kennen.

Die meisten der vielen agilen Tools zielen darauf ab, besser mit Komplexität und damit verbundener Unsicherheit umzugehen, allen voran die drei bekanntesten: Design Thinking, Kanban und das bereits vorgestellte Scrum. Im Ergebnis helfen diese agilen Herangehensweisen, komplexe Zusammenhänge besser zu verstehen, und führen dann dazu, dass die empfundene Bedrohung der Handlungs- und Funktionsfähigkeit reduziert werden kann. Die durch Dynamik und Komplexität entstehende Unsicherheit wird zwar faktisch nicht verringert, durch den bewussten Umgang damit wird jedoch das Handlungsrepertoire erweitert, ohne wesentliche Unsicherheitsfaktoren auszublenden oder zu trivialisieren.

Ich möchte auf eine agile Methode eingehen, die speziell für Projektarbeit entwickelt wurde und helfen soll, Umsetzungsunsicherheiten besser zu verstehen. Die beiden israelischen Autoren Shenhar und Dvir haben sich über viele Jahre intensiv mit der Umsetzung aller Arten von Projekten, einschließlich strategischer Projekte, beschäftigt. In ihrem Buch »Reinventing Project Management« entwickelten sie das sogenannte *Rautenmodell* zur Einordnung von Projekten im Kontext von Unsicherheit. Ihre Arbeitsprämisse ist, dass alle Umsetzungsprojekte durch Unsicherheiten gekennzeichnet sind, die nicht durch einen höheren Aufwand bei der initialen Planung beseitigt werden können und damit die Komplexität vergrößern. Die beiden Autoren betrachten vier praxisrelevante Dimensionen der Unsicherheit bei Umsetzungsprojekten: Technologie, Neuheit, Zeitdruck und Zusammenarbeit. Für jede dieser vier Dimensionen werden drei oder vier Abstufungen beschrieben, die jeweils für Ausprägungen von Unsicherheit und damit Komplexität stehen. Die folgende Übung lehnt sich an das Konzept dieser Autoren an.

Übung 13: Unsicherheit und Komplexität besser verstehen (ca. 60 min)

Nehmen Sie sich etwa eine Stunde Zeit, um die relevanten Unsicherheiten und die damit verbundene Komplexität für Ihre strategische Umsetzungsarbeit besser einschätzen zu können. Markieren Sie die Unsicherheitsstufe, die nach Ihrer Einschätzung zutreffend ist.

Technologie: Inwieweit sind die Technologien und Systeme, die für die Strategieumsetzung relevant sind, den Beteiligten bekannt?

1. Alle Technologien und Systeme sind bekannt und stellen die Beteiligten nicht vor Schwierigkeiten.
2. Es überwiegen bekannte Technologien und Systeme, es sind jedoch auch einige Neuerungen dabei.
3. Es kommen Technologien und Systeme zum Einsatz, die relativ neu sind und nur wenigen der Beteiligten bekannt sind.
4. Die Technologien und Systeme, die zum Einsatz kommen sollen, sind weitgehend unbekannt oder müssen noch entwickelt werden.

Neuheit: Wie gut können Sie einschätzen, ob Ihre Strategieumsetzung für Ihre Kunden, den Markt und das Umfeld erfolgreich sein wird?

1. Für Kunden, Markt und Umfeld ist die Strategie und deren Umsetzung nicht überraschend, die Erfolgsaussichten sind daher sehr valide.
2. Kunden, Markt und Umfeld werden von der Strategieumsetzung an einigen Punkten überrascht sein, die zugrundeliegenden Analysen deuten jedoch auf einen Erfolg hin.
3. Kunden, Markt und Umfeld rechnen nicht mit der Strategie und deren Umsetzung, die zugrundeliegenden Annahmen für den Erfolg sind weitgehend hypothetisch.

Zeitdruck: Wie hoch sind der Zeitdruck und der Schaden, wenn vereinbarte Zeiten nicht eingehalten werden?

1. Es gibt vereinbarte Termine, es entsteht jedoch kein Schaden bei Nichteinhaltung.
2. Es ist wichtig, die vereinbarten Termine zu halten, um schneller als Wettbewerber zu sein oder um finanziell wichtige Ziele zu erreichen.
3. Wenn die vereinbarten Termine nicht eingehalten werden, gilt das Umsetzungsprojekt als gescheitert.
4. Der Schaden bei Nichteinhaltung der Termine ist immens und kaum kalkulierbar.

Zusammenarbeit: Wie viele unterschiedliche Abteilungen und Organisationseinheiten sind involviert und wie relevant sind die einzelnen Teilergebnisse für das Gesamtergebnis?

1. Die Ergebnisse der einzelnen Umsetzungsaktivitäten mit überschaubaren Wechselwirkungen untereinander lassen sich einfach zu einem Gesamtergebnis zusammenführen.
2. Viele, schwer überschaubare Umsetzungsaktivitäten mit hohen Wechselwirkungen untereinander sind unter gewissem Aufwand zu einem Endergebnis zusammenzuführen.

3. Sehr viele, kaum zu überschauende Umsetzungsaktivitäten mit starken Wechselwirkungen untereinander bilden ein noch nicht eindeutig absehbares Gesamtergebnis.

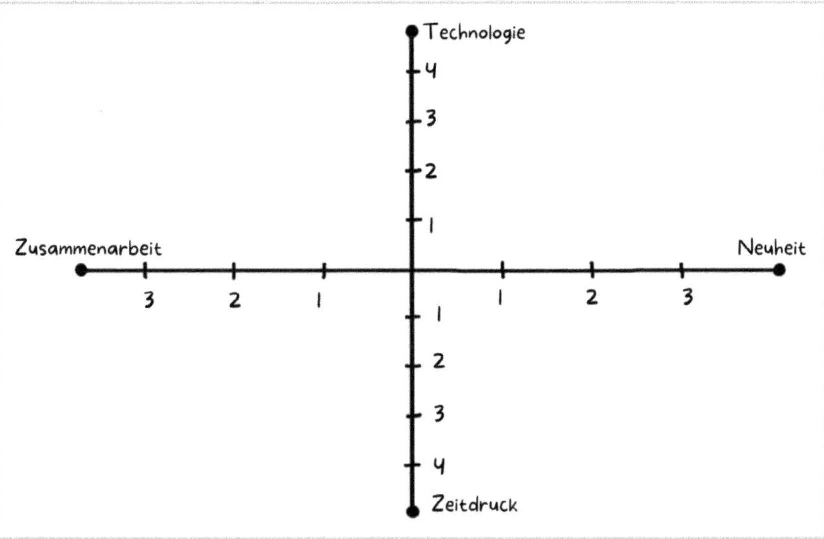

Abb. 25: Profilübersicht Unsicherheitsdimensionen angelehnt an das Rautenmodell von Shenhar und Dvir

Tragen Sie die Ergebnisse in der Profilübersicht ein und verbinden Sie sie zu einer Raute. Je größer diese Raute ist, desto unsicherer und komplexer ist Ihr Umsetzungsprojekt. Wenn Ihnen die Komplexität zu groß scheint, können Sie diese durch eine Neugestaltung der Umsetzungsaktivitäten verringern, etwa, indem Sie einzelne Teile herausnehmen und damit die Anzahl der beteiligten Bereiche reduzieren. Das ist jedoch nicht immer möglich.

Generell gilt: Je unsicherer und komplexer Ihr Umsetzungsprojekt ist, desto mehr sollten Sie mit agilen Tools, mit Methoden zur Lösung komplexer Aufgabenstellungen, arbeiten. Das heißt vor allem: Richten Sie mehr Konzentration auf das Verstehen von Wechselwirkungen und weniger Aufmerksamkeit auf das Erklären kausaler Zusammenhänge.

Retrospektive
Teilen Sie Ihre Einschätzung der vier Dimensionen mit anderen Beteiligten in Ihrem Umfeld:

- Wie ist deren Bewertung?
- Wo gibt es Unterschiede?

Überlegen und diskutieren Sie, welche (agilen) Tools Sie einsetzen könnten, um die Komplexität und die vorhandenen Wechselwirkungen besser zu verstehen und zu bewältigen.

Resümee
Was hat Sie bei dieser Übung überrascht oder verwundert? Was war interessant, hilfreich, was stimmt Sie nachdenklich? Notieren Sie Ihre drei wichtigsten Erkenntnisse dieser Übung!

4.7 Wahr ist, was jemand versteht – das Missverständnis ist die Regel

Einer der größten Komplexitätstreiber im Alltag ist die (oft missverständliche) zwischenmenschliche Interaktion. Als erfahrene Führungskraft werden Sie zustimmen, dass Kommunizieren eine Ihrer wichtigsten Tätigkeiten ist. Sie verbringen vermutlich, wie viele Ihrer Kolleginnen und Kollegen, die meiste Zeit in Präsenz-, Telefon- und Onlinemeetings. Sie reden, Sie hören zu, Sie tauschen Nachrichten über Instant Messaging und E-Mails aus oder Sie korrespondieren über soziale Medien wie LinkedIn. Soziale Beziehungen werden über Kommunikation aufgebaut, gestaltet und abgebrochen, Kommunikation informiert, motiviert oder demotiviert, emotionalisiert und ist am Ende immer die wichtigste Grundlage Ihrer Entscheidungen. Mit Kommunikation teilen Sie sich mit; sie ist das, was andere von Ihnen wahrnehmen und das, was Sie an anderen wahrnehmen. Kommunikation ist somit auch Verhalten. Vielleicht kennen Sie das berühmte Axiom des Kommunikationsforschers Paul Watzlawick: »Man kann nicht nicht kommunizieren.« Genauso können Sie sich nicht nicht verhalten, selbst Abwesenheit ist Verhalten. Nonverbales Verhalten beeinflusst nicht die Wirkung einer Botschaft, es definiert diese.

Als Nachrichtentechniker kenne ich natürlich das Sender-Empfänger-Modell, das von einigen immer noch als Metapher für menschliche Kommunikation verwendet wird. Zunächst als Praktiker und später als Psychologe habe ich jedoch verstanden, dass menschliche, soziale Kommunikation ein hochkomplexer Prozess und kein bloßer linear-kausaler Informationsaustausch ist. Teil der Komplexität ist u. a., dass soziale Kommunikation gleichzeitig auf mehreren Ebenen, d. h. nicht über nur einen Kanal, stattfindet und die Informationen, die ausgetauscht werden, von Sender und Empfänger meist nicht gleich gedeutet werden. Der, der kommuniziert, hat in der Regel eine bewusste oder/und auch unbewusste Absicht, womit eine Wirkung beim Gegenüber erzeugt werden soll, z. B. Information oder Motivation. Leider entspricht die Absicht nicht automatisch der Wirkung. Die Erfahrung zeigt, dass trotz guter Absicht die Wirkung oft zu wünschen übriglässt. Das ist dann ein Miss-Verständnis, welches meist durch verschiedene Sichtweisen entsteht.

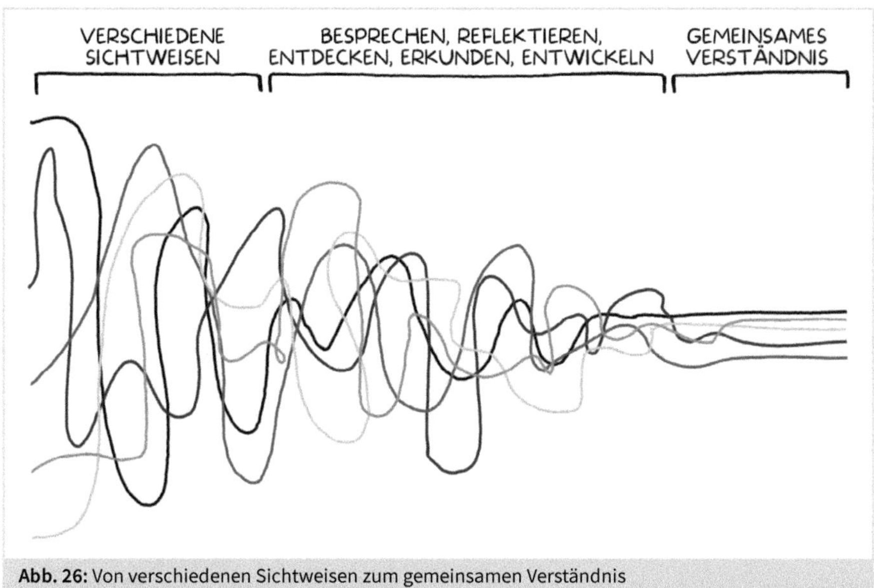

Abb. 26: Von verschiedenen Sichtweisen zum gemeinsamen Verständnis

Womit wir beim Kern sind: Als Führungskraft und für Strategieumsetzung verantwortliche Person werden Sie immer an Ihrer Wirkung gemessen. Am Ende zählen Ihre Ergebnisse, nicht Ihre Absicht. Sie sollten dementsprechend wirkungsorientiert kommunizieren. Dabei sollte die kommunikative Wirkung möglichst Ihrer Absicht entsprechen, damit Sie einen hohen Wirkungsgrad erzielen. Dafür ist es wichtig, ein gemeinsames Verständnis zu schaffen. Wenn agiles Vorgehen den Schwerpunkt vor allem auf zwischenmenschliche Aspekte, dem Gestalten sozialer Beziehungen und damit auf die Kommunikation legt, dann liegt das an der Wirkungsorientierung. Mit guter Kommunikation können Sie schlichtweg effizienter und effektiver eine beabsichtigte Wirkung erzielen. Den größten Hebel dafür haben Sie im direkten und persönlichen Kontakt.

Wie Sie wissen, kommunizieren wir nicht ausschließlich auf inhaltlicher Ebene – zu etwa 70 % tauschen wir uns nonverbal aus. Der Kommunikationsforscher Friedemann Schulz von Thun hat unser Kommunikationsverhalten in vier relevante Bereiche unterteilt. Neben dem Inhalt enthält jede Kommunikation Aussagen zu »Wie sehe ich die Beziehung zwischen uns?«, »Was offenbare ich von mir?« und »Was ist mein Appell an dich?« Dieses Modell ist auch als Vier-Ohren-Kommunikation bekannt und meist Teil jeder Kommunikationsschulung für Führungskräfte. Dennoch geht es im hektischen kommunikativen Alltag meist unter. Daher mein Appell an Sie: Nutzen Sie immer wieder die Gelegenheit, sich auf herausfordernde kommunikative Situationen im Kontext Ihrer Umsetzungsarbeit mit Hilfe dieses Modells besser vorzubereiten. Nachfolgend finden Sie die Beschreibung eines Anwendungsbeispiels.

Nehmen wir an, Sie stehen vor einem schwierigen Gespräch mit einer Mitarbeiterin. Diese Mitarbeiterin hat, trotz mehrmaligen Ansprachen Ihrerseits, nicht die vereinbarten Leistungen erbracht, weshalb die gesamte Arbeit in Zeitverzug gerät. Sie schätzen ihre fachliche Expertise, wundern sich jedoch und sind verärgert über ihr aus Ihrer Sicht destruktives Verhalten. Was Sie inhaltlich in dem Gespräch vermitteln wollen, ist soweit klar und Sie sind diesbezüglich gut vorbereitet. Fragen Sie sich jedoch zusätzlich anhand des Vier-Ohren-Modells, was Sie zwischenmenschlich vermitteln und ausdrücken wollen. Das kommunikative Ziel, Ihre Absicht, lautet: Die Mitarbeiterin ist nach dem Gespräch bereit, ihr Verhalten zu ändern und arbeitet wieder produktiv am Aufholen des Arbeitsrückstandes. Was genau wäre Ihre Aussage zu Ihrer Beziehung? Diese könnte sein: »Ich schätze dich sehr, dein Verhalten in dem konkreten Fall ist für mich jedoch nicht nachvollziehbar.« Was wäre Ihre Selbstoffenbarung? Zum Beispiel: »Mit deinem Verhalten bringst du mich als Verantwortlicher für die Strategieumsetzung in große Nöte.« Und Ihr Appell? Der könnte so aussehen: »Ich möchte dich, dein Verhalten gerne verstehen und wünsche mir wieder produktive Mitarbeit im Projekt von dir.« Fragen Sie sich: Wie, mit welchen Worten, mit welcher Gestik und Mimik bringen Sie diese Punkte ins Gespräch ein? Wie ist Ihre Körperhaltung dabei? Empfinden Sie das als stimmig oder fehlt noch etwas?

Das ist jedoch nur die eine Seite der Kommunikation, die sprichwörtlich andere Seite ist erfahrungsgemäß schwieriger. Hier gilt es nämlich, die vier kommunikativen Ebenen der Mitarbeiterin zu deuten und zu antizipieren. Stellen Sie vor dem Gespräch Hypothesen auf Basis Ihrer bisherigen Wahrnehmungen auf, am besten anhand von Zitaten und beobachtetem Verhalten: Was ist vermutlich die Aussage der Mitarbeiterin zu Ihrer Beziehung und woran genau machen Sie das fest? Was ist ihre Selbstoffenbarung? Was gibt sie möglicherweise von sich preis? Und was könnte ihr Appell an Sie sein, was wünscht sie sich möglicherweise? Diese Hypothesen können Sie dann im darauffolgenden Gespräch testen. Dazu ist es wichtig, dass Sie während des Gesprächs sowohl auf inhaltlicher Ebene als auch auf der zwischenmenschlichen Metaebene sehr bewusst agieren. Typischerweise tun wir dies nur auf der inhaltlichen Ebene, die anderen drei Ebenen spielen sich meist unbewusst ab, was einer gezielten und wirkungsvollen Gesprächssteuerung nicht förderlich ist. Deshalb sollten Sie ganz bewusst darauf achten, sie einzubeziehen.

Reden Sie noch oder hören Sie schon zu?

Haben Sie eine Idee, wie hoch typischerweise in Gesprächen jeweils Ihr Rede- und Ihr Zuhöranteil ist? Machen Sie eine Selbsteinschätzung und überprüfen Sie Ihre Sicht durch die Einschätzung anderer. Ich mache, wenn es um Kommunikation geht, immer wieder die Erfahrung, dass Qualität häufig mit Quantität verwechselt wird, nach dem Motto: Viel bewirkt viel. Man meint: Je schwieriger das Thema, desto mehr muss argumentiert, geschrieben, dargestellt und geredet werden. Ob Sie Ihre Kommunikationspartnerinnen und Kommunikationspartner und damit Ihre beabsichtigte Wirkung erreichen, ist jedoch weniger eine Frage der Kommunikationsmenge, sondern der Qualität im Sinne der Passgenauigkeit bezogen auf das Verständnis des Gegenübers. Damit Ihnen das gut gelingen kann, sollten Sie ein möglichst gutes Verständnis der Personen, mit denen Sie kommunizieren, besitzen, d. h., auch über deren Kommunikationsverhalten und kommunikative Präferenzen Bescheid wissen. Und dafür ist ein Teil der Kommunikation unbedingte Voraussetzung, den die meisten sehr unterschätzen: das Zuhören.

Sie kennen bestimmt eine Situation, in der Sie in das Büro Ihres Chefs kommen, dieser noch auf seinen Bildschirm schaut und Sie dennoch auffordert, sich zu setzen und schon mal Ihr Thema zu erläutern. Wenn Sie dann im Gespräch sind, schaut er zwischenzeitlich auf die Uhr, auf sein Smartphone oder schneidet Ihnen das Wort ab, da er vermeintlich schon verstanden hat, was Sie sagen wollen. Oder agieren Sie selbst als Chef auch zeitweise so? Das alles ist Teil des sogenannten Passiven Zuhörens. Ebenso, wenn Sie in einem Gespräch gedanklich dem gerade stattgefundenen Meeting hinterher- oder zum nächsten Meeting vorauseilen. Sie sind zwar körperlich anwesend, gedanklich jedoch immer wieder woanders. Ihre Kommunikationspartner merken das unweigerlich, Unbehagen macht sich breit, Ihnen wird – berechtigterweise – mangelnde Wertschätzung zugeschrieben. Sie rechtfertigen Ihr Verhalten dem Gegenüber meist mit Zeitdruck und der Forderung nach Effizienz. Das Problem bei alledem ist: Sie vergeben sich die Chance, Ihr Gegenüber besser zu verstehen, und damit die Chance auf eine gezieltere und wirkungsvollere Kommunikation in der Zukunft. Die nachfolgende Tabelle zeigt Ihnen Möglichkeiten des Aktiven Zuhörens:

PARAPHRASIEREN	Die Aussage wird mit eigenen Worten wiederholt
VERBALISIEREN	Die Gefühle des Gegenübers werden gespiegelt, z. B. »Sie hat das geärgert«
NACHFRAGEN	z. B. »Nachdem Sie dies gesagt hatten, reagierte er nicht?«
ZUSAMMENFASSEN	Das Gehörte mit wenigen Worten (kurz) zusammenfassen
UNKLARES KLÄREN	z. B. »Sie haben gesagt, sofort – heißt das, am gleichen Tag?«
WEITERFÜHREN	z. B. »Und dann?«
ABWÄGEN	z. B. »War das Erarbeiten aufwändiger als ein Gespräch mit ihm?«

Tab. 2: Elemente aktiven Zuhörens

Aktives Zuhören bedeutet, eine positive, wertschätzende und aufmerksame Haltung zu Ihrem Gegenüber einzunehmen und verstehen zu *wollen*.

Normalerweise sind Verstehen und Bewerten sehr eng miteinander verbunden: Wir hören oder sehen etwas und etikettieren es direkt mit einer Einschätzung. In Gesprächen passiert dies gedanklich oder wird sogar ausgesprochen, etwa »Jetzt kommt er schon wieder mit …!«, »Ich weiß schon, was du mir sagen willst!« oder »Ich habe schon die Lösung für dein Problem!« Sobald wir diesen Gedanken haben, sollten wir kurz innehalten. Wenn Sie nicht nur inhaltlich interessiert zuhören, sondern auch Ihr Interesse und Ihre Aufmerksamkeit auf die Gefühle und nonverbalen Äußerungen Ihres Gegenübers lenken und so seine Absicht erkennen können, sind Sie am ehesten in der Lage, Ihre Kommunikation wirkungsvoll auszugestalten und schließlich die Absicht, die Sie erzielen wollen, mit der Wirkung, die Sie schließlich erzielen, in Einklang zu bringen.

Übung 14: Schwierige Gespräche professionell meistern (ca. 120 min)

Versuchen Sie doch einmal, dieses Wissen in einem Gespräch mit geringem oder mittlerem Schwierigkeitsgrad anzuwenden. Bereiten Sie sich mit Hilfe des oben beschriebenen Vier-Ohren-Modells vor und versetzen sich in die Lage Ihres Gegenübers, um dessen Absichten zu erkunden.

Konzentrieren Sie sich während des Gesprächs voll und ganz auf das Aktive Zuhören, indem Sie besonders auf folgende Dinge achten:

- Gehen Sie bewusst in die Haltung »Du-bist-o.k. und ich-bin-o.k.« und versuchen Sie ausschließlich, Ihren Gesprächspartner besser zu verstehen.
- Widerstehen Sie absichtlich allen Bewertungsreflexen.
- Beobachten Sie, welche Körperhaltung Ihr Gegenüber einnimmt; wann verändert er seine Körperhaltung, wann wirkt er eher entspannt oder angespannt?
- Wie ist Ihre Körperhaltung während des Gesprächs, wann verändern Sie Ihre Körperhaltung, wann fühlen Sie sich eher entspannt oder angespannt?
- Wie nehmen Sie die Stimme Ihres Gesprächspartners wahr, was drückt sie non-verbal aus, welche Emotionen kommen bei Ihnen an?
- Paraphrasieren Sie, d. h., wiederholen Sie Gehörtes mit eigenen Worten und vergewissern Sie sich, dass Sie richtig verstanden haben.
- Verbalisieren Sie, d. h., sprechen Sie Dinge an, die Sie wahrnehmen, unter normalen Umständen aber nicht aussprechen würden. Zum Beispiel: »Ich merke gerade Ärger in deinen Worten, nehme ich das richtig wahr?«
- Versuchen Sie herauszufinden, was die Selbstoffenbarung, der Appell und die Beziehungsaussage Ihres Gesprächspartners ist.
- Bleiben Sie ausschließlich im Modus des Verstehen-Wollens und Nicht-Bewertens.
- Machen Sie sich nach dem Gespräch Notizen über Ihre Beobachtungen, Eindrücke und Wahrnehmungen.

Retrospektive

- Ist Ihnen diese Übung eher leicht- oder schwergefallen?
- Haben Sie den Eindruck, dass Sie Ihr Gegenüber und dessen Absichten gut verstanden haben?

- Konnten Sie bei Ihrem Gegenüber und bei sich selbst bewusst auf die nonverbalen Anteile der Kommunikation achten?
- Inwiefern wäre das Gespräch anders verlaufen, wenn Sie die Techniken nicht genutzt hätten?
- Welche gedanklichen Ausreißer, Bewertungen und Impulse sind Ihnen zwischenzeitlich in den Kopf gekommen?

Resümee
Was hat Sie bei dieser Übung überrascht oder verwundert? Was war interessant, hilfreich, was stimmt Sie nachdenklich? Notieren Sie Ihre drei wichtigsten Erkenntnisse dieser Übung!

4.8 Netzwerk-Analyse: Ihre persönliche Stakeholder-Map

Nach der direkten Eins-zu-eins-Kommunikation gehen wir wieder auf eine andere Ebene und betrachten Ihre Kommunikations*netzwerke* – insbesondere die, die für Ihre Arbeit und Ihren Erfolg wesentlich sind: Ihre persönliche Anspruchsgruppe, auch als *Stakeholder* bezeichnet.

Das Stakeholder-Konzept stammt ursprünglich aus dem Strategischen Management. Danach sollen nicht nur die Interessen der Kapitalgeberinnen und Anteilseigner (Shareholder) berücksichtigt werden, sondern auch die weiterer Personengruppen wie Kunden, Zulieferer, konkurrierende Unternehmen und Staat. In Anlehnung an diesen Ansatz geht es im Folgenden um die Stakeholder Ihres Anliegens. Die Menschen, die direkt oder indirekt mit Ihrer strategischen Umsetzungsarbeit zu tun haben oder davon betroffen sind, bilden Ihre Anspruchsgruppe, sie sind Ihre *persönlichen Stakeholder.* Diejenigen aus dieser Gruppe, die besonders relevant für den Erfolg Ihrer Arbeit sind, sind Ihre *bedeutsamsten persönlichen Stakeholder.* Typischerweise können dies einzelne Schlüsselkunden und -lieferanten, Mitglieder der Geschäftsleitung oder die Firmeneigentümer, bestimmte Mitarbeitende oder Kolleginnen und Kollegen aus Nachbarbereichen sein, vielleicht auch Mitglieder des Betriebsrates. Letztlich sind dies alle Personen, die durch das, was sie tun oder nicht tun, das Ergebnis und die Wirkung Ihrer Arbeit maßgeblich mitbestimmen.

Sie können nun versuchen, Ihre Stakeholder zu benennen. Sie könnten sie gruppieren, charakterisieren und bewerten, etwa anhand ihrer Interessenslagen, ob sie intern oder extern sind, oder anhand fachlicher oder organisatorischer Kriterien oder ihres Einflusses. Daraus ergibt sich eine Liste, auf der Ihre Stakeholder und deren Rolle bezogen auf Ihre Umsetzungsarbeit verzeichnet sind. Zu jedem dieser Stakeholder haben Sie eine mehr oder weniger ausgeprägte Beziehung: vielleicht eine sehr gute und vertrauensvolle oder eine konfliktbeladene, vielleicht auch eine noch zu geringe direkte Beziehung. In irgendeiner Form stehen Sie im Austausch und kommunizieren miteinander, was dann von Ihnen als mehr oder weniger gut und zielführend empfunden wird. Sie können diese Kommunikation aus Ihrer persönlichen Perspektive im Sinne des letzten Kapitels betrachten und bezogen auf die Wirkung für Ihre Arbeit analysieren.

Eine Netzwerk-Analyse für Stakeholder geht jedoch noch weiter: Jeder Ihrer Stakeholder kann auch in einer Beziehung zu einem oder mehreren Ihrer anderen Stakeholder stehen. Wenn Ihre Chefin als auch Ihre Kolleginnen und Kollegen aus dem Nachbarbereich zu Ihren bedeutsamsten Stakeholdern gehören, steht Ihre Kollegin natürlich auch in einer Beziehung mit Ihrer Chefin. Und diese Kollegin steht möglicherweise in Beziehung zu einem Ihrer Mitarbeitenden, deren früherer Chef er vielleicht war. Alle diese Beziehungen untereinander können, müssen aber nicht, relevant für die erfolgreiche Umsetzung Ihrer Arbeit sein. Ihre Stakeholder und Sie bilden ein hochkomplexes Beziehungs- und Kommunikationsnetzwerk. Es ist, um an das praktische Beispiel aus Kapitel 4.6 anzuknüpfen, eine Art Mobile, das Sie zwar nicht erklären, aber zumindest in seinen Wirkungszusammenhängen betrachten können. Dazu lade ich Sie zur folgenden Übung ein.

Übung 15: Persönliche Stakeholder-Map (ca. 90 min)

Stellen Sie sich die folgende Frage: Wie kann ich das Netzwerk meiner wichtigsten Stakeholder besser verstehen, um mit diesem Verständnis wirkungsvoller bezogen auf mein Ziel zu agieren? Gehen Sie dazu folgendermaßen vor.

Schritt 1

Erstellen Sie zunächst eine Liste der Stakeholder, die für Ihre strategische Umsetzungsarbeit relevant sind. Es sollten Personen sein, keine Personengruppen und auch keine Organisationseinheiten. Dabei ist es wichtig, dass Sie auch Personen einbeziehen, die vielleicht nur informell oder mittelbar wichtig für Sie sind, etwa der Assistent Ihres Chefs oder auch ein Mentor aus dem Top-Management.

Schritt 2

Führen Sie innerhalb dieser Liste ein Ranking durch. Die Kriterien sind der Impact der Personen auf Ihre Arbeit und die Zeit, die Sie mit diesen insgesamt verbringen. Nach meiner Erfahrung sind es bis zu zehn Personen, die 80 % Ihres Zeitbudgets beanspruchen und für Ihre erfolgreiche Arbeit maßgeblich sind. Prüfen Sie, ob Ihnen das Verhältnis von Impact und Zeitaufwand bei den jeweiligen Stakeholdern konsistent erscheint.

Schritt 3

Im nächsten Schritt erstellen Sie eine Stakeholder-Map. Schreiben Sie sich selbst als ICH in die Mitte eines Flipcharts oder eines Blatt Papiers, ergänzen Sie dann daneben die Person, die in Ihrem Ranking ganz oben steht, und so weiter. Je näher eine der Personen neben Ihnen angesiedelt ist, desto wichtiger ist diese für Sie. Orientieren Sie sich an der folgenden Abbildung:

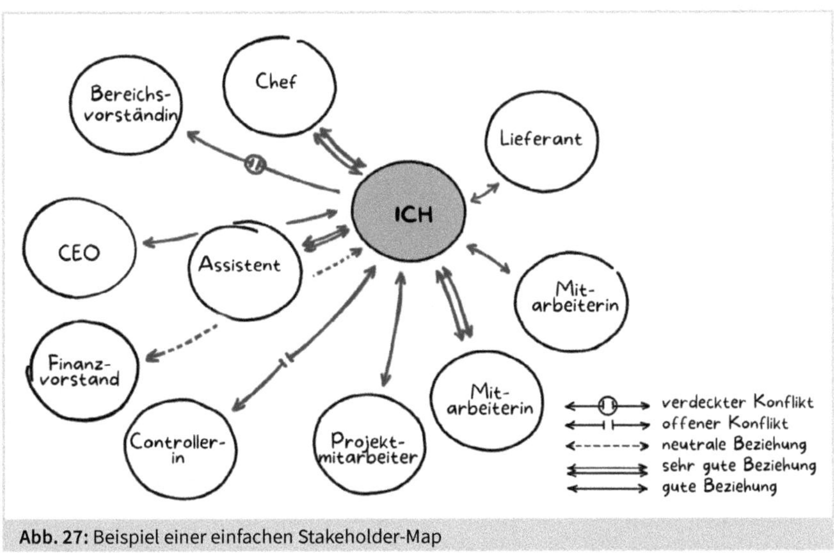

Abb. 27: Beispiel einer einfachen Stakeholder-Map

Schritt 4

Wenn Sie alle Stakeholder auf dem Flipchart positioniert haben, beginnen Sie mit der Beziehungsanalyse. In welcher Beziehung stehen Sie zu jedem Ihrer Stakeholder: in einer sehr guten, einer guten oder einer neutralen? Sehr gut heißt, es herrscht großes Vertrauen, Sie können sich blind aufeinander verlassen. Gut heißt, es besteht eine Vertrauensbasis und gegenseitige Wertschätzung. Neutral dagegen heißt, dass Sie sich gegenseitig gut einschätzen können, der Austausch jedoch vor allem fachlich begründet ist. Die Beziehung kann allerdings auch durch einen offen oder verdeckt ausgetragenen Konflikt geprägt sein. Zudem kann es zu Koalitionen unter den Stakeholdern kommen, die zu einer Front gegen Sie führen können.

Schritt 5

Wenn Sie Ihre Beziehungen zu Ihren Stakeholdern vermerkt haben, beginnen Sie mit den Beziehungen der Stakeholder untereinander. Schätzen Sie die Beziehungsqualität auf die gleiche Art und Weise für so viele Beziehungen wie möglich ein. Nehmen Sie die folgende Grafik und die darin vorgeschlagenen Kennzeichnungen für die mögliche Darstellung zu Hilfe.

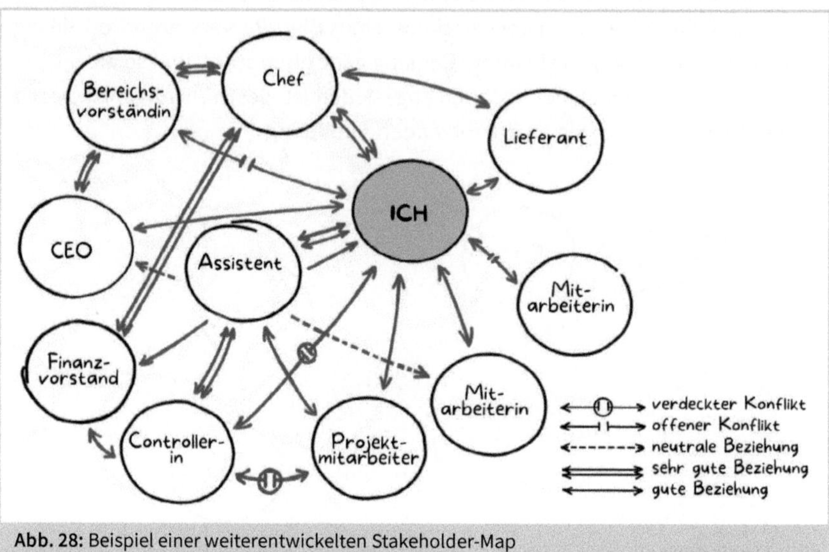

Abb. 28: Beispiel einer weiterentwickelten Stakeholder-Map

Im Ergebnis werden Sie ein Bild erhalten, das die Komplexität Ihres Stakeholder-Netzwerkes vermutlich ziemlich gut widerspiegelt. Das Interessante daran ist, dass Sie diese Darstellung in ihrer Gesamtheit und in all ihren Zusammenhängen so nicht bewusst, d. h. ohne die eben geleistete Erarbeitung, denken können. Sie können immer nur einzelne Beziehungsstränge bewusst einschätzen, nicht aber das gesamte Netzwerk. Mit dem erarbeiteten Überblick haben Sie nun die Möglichkeit, aus der Beobachtungsperspektive im Ganzen auf die Gruppe Ihrer Stakeholder zu schauen und mögliche Zusammenhänge zu erkennen, die Ihnen vorher vielleicht noch nicht so bewusst waren.

Retrospektive

- Ist es Ihnen leichtgefallen, Ihre relevanten Stakeholder zu identifizieren und einzuordnen?
- Konnten Sie die Beziehungsqualität zwischen Ihnen und Ihren Stakeholdern gut einschätzen?
- Konnten Sie die Beziehungsqualität Ihrer Stakeholder untereinander gut einschätzen?
- Wenn Sie noch einmal auf die Visualisierung Ihres gesamten Netzwerks schauen: Welche Beziehungsstränge zwischen einzelnen Stakeholdern haben Sie möglicherweise vergessen?
- Was fällt Ihnen auf, wenn Sie auf Ihre Stakeholder-Map schauen?

- Wo gibt es beispielsweise besonders viele gute Beziehungen, wo besonders viele Konflikte?
- Wo werden Beziehungen über Bande gespielt?
- Was könnte Relevanz für Ihre Arbeit haben, auf das Sie bislang zu wenig Augenmerk gelegt haben?

Resümee

Was hat Sie bei dieser Übung überrascht oder verwundert? Was war interessant, hilfreich, was stimmt Sie nachdenklich? Notieren Sie Ihre drei wichtigsten Erkenntnisse dieser Übung!

4.9 Powerfood für agiles Arbeiten: Empathie und Wertschätzung

Empathie und Wertschätzung sind Aspekte, die das zwischenmenschliche Miteinander maßgeblich prägen. Über Empathie in Zusammenhang mit Führung und Management wird seit den 1990er Jahren diskutiert. In den vergangenen Jahren erfuhr das Thema einen regelrechten Hype, wovon auch die Anzahl der einschlägigen Artikel in Managementmagazinen zeugt. Gleiches gilt für Wertschätzung. Dieser Begriff zieht sich wie ein roter Faden durch viele Mitarbeiterbefragungen, an denen ich als Mitarbeiter und Führungskraft teilgenommen oder die ich als Berater begleitet habe. Beides – Empathie und Wertschätzung – hat viel mit den Wechselwirkungen von Emotionen zu tun.

Bezeichnend für das Thema ist folgende Begebenheit: Am Anfang eines Coachings bat ich einen Klienten, eine kurze Selbstbeschreibung aus der Sicht seiner Chefin vorzunehmen. Er schaute mich erstaunt, fast vorwurfsvoll an und sagte: »Wie soll das denn gehen? Ich kann doch nicht wissen, wie meine Chefin mich sieht, ich bin doch nicht sie!«

Empathie

Empathie ist die Fähigkeit, sich in die Gefühls- und Gedankenwelt anderer Menschen hineinzuversetzen. Dabei wird zwischen dem Hineinfühlen in die Gefühlswelt und dem Hineindenken in die Gedankenwelt eines Mitmenschen unterschieden. Sogenannte Spiegelneuronen in unserem Gehirn versetzen uns in die Lage, die Emotionen anderer wie Freude, Trauer, Angst oder Begeisterung nachzuempfinden. Mit dem Konzept der *emotionalen Intelligenz* wurde das Verständnis noch weiter gefasst: Empathie wird darin als erweiterbares Kompetenzfeld gesehen, zu dem neben dem emotional-kognitiven Hineinversetzen in andere auch Selbstempathie, d. h. der bewusste Umgang mit eigenen Emotionen und Gedanken, gehört.

Je größer die Bedeutung zwischenmenschlicher Beziehungen im organisatorischen Kontext zur Zielerreichung, desto relevanter ist empathisches Agieren bezogen auf den Wirkungsgrad des eigenen Handelns. Aus diesem Grund liegt gerade im agilen Kontext ein sehr großes Augenmerk auf Empathie. Zwischenmenschliche Komplexität lässt sich mit Selbstmotivation, Initiative, Lern- und Kooperationsfähigkeit deutlich besser handhaben. Alle Übungen, zu denen ich Sie in diesem Buch einlade, zielen darauf ab, Ihre Selbstempathie zu steigern und Ihre Empathiefähigkeit zu trainieren. Meine Erfahrung ist, dass mit zunehmender und bewusster Empathie die Möglichkeit wirkungsvollen zwischenmenschlichen Handelns überproportional steigt. Versuchen Sie doch einmal, folgende Empathie-Trainingsübung durchzuführen.

Übung 16: Empathy Map (ca. 60 min)

Diese Übung hilft Ihnen, sich Ihrer Empathie bewusster zu werden und mögliche Wirkungszusammenhänge bei sich selbst und bei anderen zu verstehen. Entscheiden Sie sich zu Beginn für einen Menschen, z. B. eine Kollegin, aus Ihrem Stakeholder-Umfeld, mit dem sich aktuell die Kommunikation schwierig gestaltet. Benennen Sie konkret das Thema, den Anlass, um den es geht, z. B.: »… in der Frage der benötigten Ressourcen kommen wir einfach nicht auf einen gemeinsamen Nenner.« Versetzen Sie sich dabei soweit wie möglich und sehr bewusst in die Situation Ihrer Kollegin. Achten Sie darauf, dass Sie dabei nicht in Ihre eigene Sicht auf die Kollegin zurückfallen. Orientieren Sie sich in der Darstellung an folgender Abbildung:

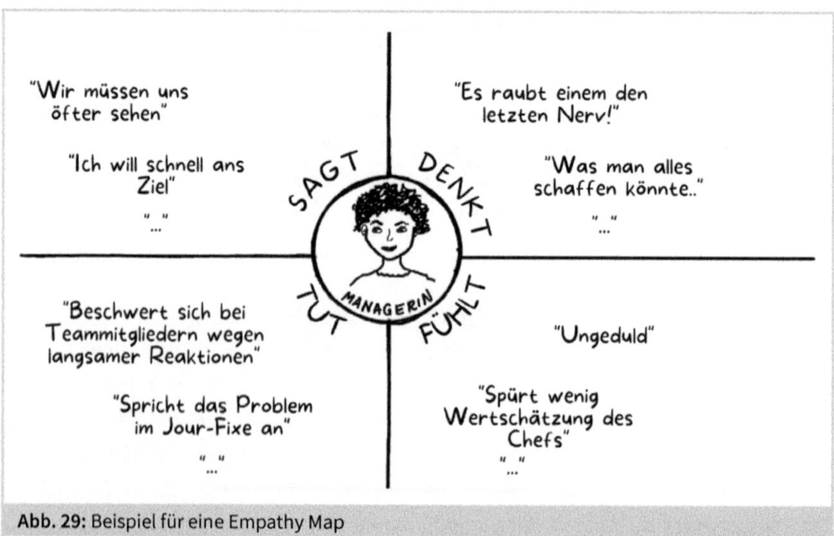

Abb. 29: Beispiel für eine Empathy Map

Zeichnen Sie auf ein Flipchart oder einen großen Bogen Papier vier Quadranten mit einem Gesicht in der Mitte. Das ist Ihr Stakeholder. In einen Quadranten schreiben Sie »Was tut sie?«, in den zweiten »Was sagt sie?«, in den dritten »Was denkt sie?« und in den vierten Quadranten »Was fühlt sie?«

Gehen Sie nun Quadrant für Quadrant durch und notieren Sie Zitate, Beobachtungen, mögliche Gedanken und mögliche Gefühle. Sie werden merken, dass das gar nicht so einfach ist. Vor allem das Benennen, aber auch bereits die Unterscheidung von Gedanken und Gefühlen aus Sicht eines anderen fällt vielen anfangs sehr schwer. Ein Gedanke wäre beispielsweise: »Was denkt der eigentlich, wer er ist?«, ein mögliches, damit verbundenes Gefühl könnte »Ohnmacht« oder »Hilflosigkeit« sein.

Diese Übung der Empathy Map ist Teil des agilen Tools *Design Thinking*. Sie dient dazu, den Kunden in seiner Erlebensperspektive besser zu verstehen *(User Experience – UX)*. Das, was wir von einer anderen Person hören und sehen, interpretieren und bewerten wir typischerweise meist unterbewusst. Wenn wir uns jedoch ausdrücklich in das Denken und Fühlen anderer hineinversetzen, hinterfragen wir unsere Interpretationsmuster, die häufig zu sehr unsere eigene Sicht spiegeln, und können sie dementsprechend justieren. Im Ergebnis kommen wir zu einer besseren Einschätzung unseres Gegenübers und können wiederum unser eigenes Verhalten so anpassen, dass wir zielgerichteter und wirkungsvoller kommunizieren und handeln.

Retrospektive

- Welchen der vier Quadranten konnten Sie am leichtesten ausfüllen? Bei welchem hatten Sie die größten Schwierigkeiten?
- Wie gut konnten Sie sich Ihrem Gefühl nach auf einer Skala von 1 (gar nicht) bis 10 (sehr gut) in die Person hineinversetzen?
- Haben Sie eine Vermengung eigener Einschätzungen und Bewertungen mit Ihren empathischen Gedanken und Gefühlen wahrgenommen?
- Welche Rolle könnte dies für die missverständliche Kommunikation spielen, das Gegenüber zu wenig zu verstehen?
- Wie könnten Sie aus Ihrer Sicht einen Schritt in Ihrer Empathiefähigkeit weiterkommen?
- Was wäre dafür konkret zu tun?

Resümee

Was hat Sie bei dieser Übung überrascht oder verwundert? Was war interessant, hilfreich, was stimmt Sie nachdenklich? Notieren Sie Ihre drei wichtigsten Erkenntnisse dieser Übung!

Wertschätzung

Kommen wir zum zweiten wichtigen Punkt: Wertschätzung wird häufig mit Lob und Anerkennung von Leistung gleichgesetzt. Sie kann sich aber auch auf Gedanken, Handlungen oder Besitz und Grundhaltungen beziehen. Wertschätzung bedeutet, andere positiv zu bewerten, dies gilt auch für sich selbst (Selbstwertschätzung). Sie wird verbunden mit Respekt, Achtung, Wohlwollen und drückt sich in Aufmerksamkeit, Freundlichkeit, Zuwendung und Anerkennung aus. Wertschätzung speist sich somit vor allem aus einer bestimmten inneren Haltung und einem zugrundeliegenden, humanistischen Menschenbild von der Einzigartigkeit des Menschen sowie aus einer liebenswerten Haltung ihm gegenüber.

In Deutschland durchgeführte Studien zeigen, dass jeder zweite Mitarbeitende seinem Vorgesetzten mangelnde Wertschätzung attestiert, was sich auch mit meiner praktischen Erfahrung deckt. Als Gründe dafür werden u.a. zu geringe Mitbestimmung oder ungelöste Konflikte gesehen (INQA-Studie)[22]. Interessant dabei ist, dass Führungskräfte, denen ihre Mitarbeitenden eine zu geringe Wertschätzung vorwerfen, oft selbst über mangelnde Wertschätzung durch ihre Vorgesetzten klagen. Ein Grund dafür könnte sein, dass Wertschätzung zu eingeschränkt mit Lob und fehlende Wertschätzung mit ausbleibendem Lob gleichgesetzt werden. Sehr wahrscheinlich ist auch, dass mangelnde Selbstwertschätzung das Bedürfnis nach Wertschätzung durch andere nochmals steigert.

Wertschätzung drückt sich in folgenden emotional-kognitiven Einschätzungen aus:

- »Ich schätze, respektiere und achte dich, so wie du bist.«
- »Auch wenn du anderer Meinung bist als ich, bist du kein schlechterer Mensch.«
- »Auch wenn du etwas tust, was mir missfällt, bist du kein schlechter Mensch.«
- »Ich unterstelle deine gute Absicht, auch wenn die Wirkung eine andere ist.«
- »Ich interessiere mich für dich, dein Umfeld und wie es dir geht.«
- »Ich bin bereit, deine Gefühle zu teilen.«

Wenn Sie auf dieser Basis ein Lob oder auch einen Tadel aussprechen, verbunden mit einer konkreten Rückmeldung, was Sie wahrgenommen haben, wird das immer wertschätzend wirken. Ich habe sehr wirkungsvolle Führungskräfte erlebt, die deutlich weniger (quantitativ) mit ihren Mitarbeitenden sprachen als andere, aber öfter non-verbale Kommunikation wie Augenkontakt, zustimmendes Kopfnicken oder freundliches Lächeln verwendeten. Verbunden mit ein paar direkten, konkreten und zeitnahen Verhaltens- oder Leistungsrückmeldungen wird dies als sehr wertschätzend empfunden.

22 Studie »Arbeiten 4.0«, herausgegeben vom Bundesministerium für Arbeit und Soziales: https://www.bmas.de/SharedDocs/Downloads/DE/PDF-Publikationen/a883-weissbuch.html.

Weshalb überhaupt Wertschätzung? Ist das nicht alles viel zu *kuschelig*? Aus meiner Sicht ein klares Nein! Sie kennen das aus eigener Erfahrung: Wenn Sie sich wertgeschätzt fühlen, arbeiten Sie anders: konzentrierter, schneller, motivierter, fehlerfreier, kreativer, kollegialer, loyaler und schließlich wertschätzender. Darum geht es am Ende: Wertschätzung ist gewissermaßen ein *energetischer Powerriegel* für Ihre Wirkung im dynamisch-komplexen Umfeld.

Wie bereits beschrieben schätzen wir uns meist so ein, dass wir andere genügend wertschätzen, selbst aber nicht genug wertgeschätzt werden, was sich aus Sicht anderer in unserem Umfeld dann in der Regel reziprok verhält. Diesen typischen psychologischen Verzerrungseffekt haben Sie auch, wenn Sie beispielsweise zwei Lebenspartner befragen, wie hoch sie die jeweilige prozentuale Aufteilung der Haushaltsaktivitäten einschätzen – beide halten subjektiv ihren eigenen Anteil für deutlich höher als tatsächlich vorhanden . Das mag zwar für das Selbstbild zunächst beruhigend sein, ist aber wenig wirkungs- und damit ergebnisorientiert. Diesem Effekt können Sie durch bewussten Umgang entgegenwirken, wie, zeigt Ihnen die folgende Übung.

Übung 17: Wertschätzungsbilanz (ca. 60 min)

Beantworten Sie die folgenden Fragen mit Ja oder Nein. Überprüfen Sie Ihre Selbsteinschätzung durch einen Perspektivwechsel: Wie würden andere Sie einschätzen?

Fragebogen zum Selbst-Check »Mein Anerkennungshaushalt«[23]

(für jede mit »Ja« beantwortete Frage gibt es 1 Punkt)

Grundsätzliches	**Ja**
Kenne ich die größte Stärke jedes Mitarbeitenden/Kollegen?	☐
Halte ich mich an die Anerkennungsregel (Verhältnis Lob zu Kritik = mindestens 3:1)?	☐
Achte ich ganz bewusst auf positive Leistungen?	☐
Verteile ich meine Anerkennung gerecht, ohne Lieblinge zu haben?	☐
Anerkennung empfangen	
Lächeln die meisten Menschen, wenn sie mir zum ersten Mal an diesem Tag begegnen?	☐
Hat innerhalb der letzten drei Wochen ein Kollege ein anerkennendes Wort für mich gefunden?	☐
Bin ich während der letzten vier Wochen einmal von meinem Vorgesetzten gelobt worden?	☐

23 Nach Matyssek, A. K. (2009). Chef, Sie haben ein Super-Team!: Endlich mehr Anerkennung im Job. Books on Demand GmbH.

Anerkennung geben

Habe ich mich heute schon selbst gelobt?	☐
Habe ich während des gestrigen Tages bewusst auf Dinge geachtet, die mich lächeln lassen?	☐
Habe ich während der letzten fünf Werktage jemanden (im Beruf) gelobt?	☐
Habe ich in den letzten drei Wochen auch für Kollegen ein anerkennendes Wort gefunden?	☐
Habe ich in den letzten vier Wochen einmal bewusst etwas »Selbstverständliches« anerkannt?	☐
Habe ich in den letzten drei Monaten einmal meinen eigenen Vorgesetzten gelobt?	☐

Zählen Sie nun Ihre Ja-Antworten zusammen. Sind es zehn oder mehr? Dann dürfte es den meisten Menschen großen Spaß machen, mit Ihnen zu arbeiten. Zählen Sie sieben, acht oder neun Ja-Antworten? Dann sind Sie gut unterwegs. Haben Sie weniger als sieben Ja-Antworten? Auch nicht schlimm; dann gibt Ihnen das Ergebnis vielleicht ein paar Hinweise darauf, wie und wo Sie durch eine wertschätzendere Herangehensweise Ihre Wirkung so erhöhen können, dass diese mehr Ihrer Absicht entspricht.

Wer viel Anerkennung empfängt/empfindet (!), der gibt auch viel!!

Retrospektive

- Suchen Sie sich einen der genannten Punkte aus: Bei welchem wollen Sie anfangen, um etwas zu verändern?
- Was genau werden Sie dafür tun?
- Wann und wie stellen Sie fest, dass Sie dabei weitergekommen sind?
- Welche Punkte werden Sie als Zweites und als Drittes angehen?
- Wie stellen Sie sicher, dass Sie mit Ihren Vorsätzen nicht da stehen bleiben, wo Sie aktuell stehen, oder gar zurückfallen?

Resümee

Was hat Sie bei dieser Übung überrascht oder verwundert? Was war interessant, hilfreich, was stimmt Sie nachdenklich? Notieren Sie Ihre drei wichtigsten Erkenntnisse dieser Übung!

4.10 Mit Emotionen und Gefühlen sozial intelligent handeln

Empathie und Wertschätzung haben viel mit Emotionen zu tun. Doch was sind Emotionen eigentlich genau und wie wirken sie? Wir sind in den vorangegangenen Abschnitten bereits oft auf das Gestalten zwischenmenschlicher Beziehungen als wichtigem

Element agilen Vorgehens eingegangen. Dies erfolgt konkret über Kommunikation, im Vordergrund stehen dabei meist fachlich-inhaltliche Themen und Fragestellungen. Zur Kommunikation im weiteren Sinne kommen wie beschrieben jedoch auch nonverbale und intuitive oder emotionale Anteile hinzu. Jede Art Ihres Verhaltens stellt Kommunikation dar, die von anderen gedeutet wird. Zugleich deuten und bewerten Sie das Verhalten Ihrer Kommunikationspartner. Diese Bewertungen erfolgen nur zu einem geringen Teil rational, meist sind das Bauchgefühl, die Intuition, das emotionale Erfahrungsgedächtnis federführend bei diesem Prozess, der in Sekundenbruchteilen entsteht und sich dann durchaus über einen längeren Zeitraum erstrecken kann. Das Verständnis dieses komplexen Prozesses ist sehr wichtig, um Einfluss nehmen und Kommunikation bewusster, d. h. vor allem wirkungsvoller, gestalten zu können.

Zunächst werden wir wieder Begrifflichkeiten klären, die häufig synonym oder unreflektiert verwendet werden:

- Emotionen sind qualitativ beschreibbare und zeitlich begrenzte psychische Zustände, die mit kognitiven, körperlichen Besonderheiten und in einem spezifischen Verhalten ausgedrückt werden.
- Ein Gefühl ist das subjektive Erleben einer Emotion. Es gibt Antworten auf die Frage, wie wir ein Ereignis, einen Gegenstand, eine Person oder Erinnerungen davon empfinden.
- Ein Affekt ist eine kurzfristige und intensive Emotion, die oft mit dem Verlust der Handlungskontrolle einhergeht.
- Eine Stimmung ist ein eher diffuser, länger anhaltender emotionaler Zustand, der jedoch meist weniger intensiv erlebt wird.

Emotionen sind auf unterschiedlichen Ebenen wahrnehmbar: als ein Gefühl, ein Verhalten, körperlich und als Denkvorgang, wie die folgende Abbildung zeigt.

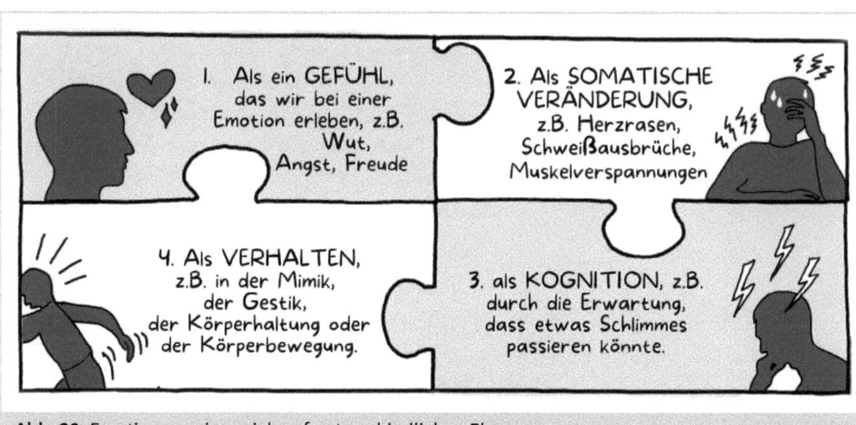

Abb. 30: Emotionen zeigen sich auf unterschiedlichen Ebenen

Wir alle haben gelernt, mit Emotionen und Gefühlen so umzugehen, dass wir meist nicht im Affekt die Kontrolle verlieren. Dennoch kennen wir Situationen, in denen dies passieren kann und wir uns gewünscht hätten, nicht so vorschnell reagiert zu haben. Dazu habe ich ein einfaches und typisches Beispiel:

!

Ärger und Affekt

Ich erhalte eine E-Mail, in der eine Kollegin ausführlich über vermeintliche Missstände in meinem Umsetzungsprojekt schreibt. In der Nachricht werden aus meiner Sicht Fakten mit Halbwahrheiten vermischt und wichtige Aspekte ausgelassen. Diese E-Mail ist zwar an mich adressiert, geht jedoch in Kopie auch an sehr viele andere Personen und auch an meinen Chef oder meinen Kunden. Die Kollegin hat sich vorher nicht dazu mit mir abgestimmt, ich empfinde ihr Verhalten als unfaire Bloßstellung und merke, wie schnell Wut und Ärger in mir aufkommen. Sofort beginne ich damit, eine Antwort zu formulieren und Punkt für Punkt eine Gegendarstellung vorzunehmen. Ich kann es mir auch nicht verkneifen, ein paar Seitenhiebe auf die Kollegin einzubauen, in denen ich Schwachpunkte in ihrer Arbeit aufgreife. Nach fünfzehn Minuten drücke ich auf Senden und schicke meine E-Mail an den gleichen Verteiler. Danach fühle ich mich direkt besser. Kurze Zeit danach wird meine Stimmung jedoch ambivalent: Einerseits fühle ich mich gut, ich habe mich schließlich angemessen zur Wehr gesetzt. Andererseits bemerke ich auch Zweifel, ob nicht vielleicht doch eine andere Art von Reaktion besser und vor allem zielführender gewesen wäre.

Meine vorschnelle Reaktion ist zwar menschlich nachvollziehbar, am Ende jedoch sehr affektiv und unprofessionell. Ich habe mich von meinen Emotionen und Gefühlen überwältigen lassen. Alle anderen Beteiligten sehen und spüren das, haben bestenfalls jedoch mitleidiges Verständnis für mich.

Weder für meinen Chef noch für die anderen Beteiligten wäre dieses Vorgehen zielführend. Für alle würde deutlich sichtbar: Meine Befindlichkeiten leiten mich mehr als überlegtes Handeln, wofür ich sonst sehr geschätzt werde. Ich wäre mit meinem schnellen, durch Emotionen dominierten Verhalten in eine Falle gelaufen und hätte ein Verhalten gezeigt, das Psychologen als mangelnde Selbststeuerung, überzogen formuliert auch *affektive Inkontinenz*, bezeichnen. Der sprichwörtliche Rat, noch einmal darüber zu schlafen, hätte es mir ermöglicht, auf eine gänzlich andere Reaktion aus meinem Handlungsrepertoire zurückzugreifen. Warum? Weil ich dadurch eine Distanz zu mir, meinen Gefühlen und meinem Verhalten hätte gewinnen können. Ich hätte mich fragen können, was bei der Kollegin innerlich vorgeht, wie die anderen und mein Chef ihre E-Mail verstehen könnten, welche Möglichkeiten der differenzierten Reaktionen ich hätte und zu welcher Einschätzung die Empfänger dann gelangen. Auch hätte ich dann gründlicher erwägen können, welche Vor- und Nachteile mein Vorgehen möglicherweise für die weitere Projektarbeit hätte.

Die meisten von Ihnen werden das schon erlebt haben: eine affektive, sehr gefühlsbetonte und unüberlegte Reaktion, die später bereut wurde. Im privaten Kontext ist dies möglicherweise gut und angemessen. Im beruflichen Kontext ist jedoch meist das Bewahren der differenzierten Handlungsfähigkeit, der Selbststeuerung und der emotionalen Contenance entscheidend. Das drückt sich beispielsweise im Unterschied von Mitleid und Mitgefühl aus: Wenn Sie Mitleid haben, identifizieren Sie sich mit dem Leid des anderen. Im Falle von Mitgefühl haben Sie die gleichen Gefühle, ohne jedoch identifiziert zu sein; Ihre professionelle Handlungsfähigkeit bleibt erhalten. Ein befreundeter Kinderchirurg schilderte mir, dass er seinen kleinen Sohn nie in einer schwierigen Situation operieren könnte, da das damit verbundene Mitleid ihn für Fehler sehr anfällig machen würde. Gleichwohl verfügt er über sehr intensives Mitgefühl mit seinen vielen kleinen Patienten, ihren Schmerzen und ihren Ängsten.

Um es klar zu sagen: Es geht nicht darum, Ihre Emotionen und Gefühle zu unterdrücken. Sie würden dann sehr schnell kalt und technokratisch wirken. Es geht um die bewusste Wahrnehmung, darum, in Resonanz zu gehen (Mitgefühl), ohne mit den Emotionen und Gefühlen anderer zu verschmelzen (Mitleid). Beobachten Sie sich, Ihre Gefühle und Emotionen mit einer Haltung, die wie folgt aussehen könnte: »Wie interessant, welche Möglichkeiten habe ich damit umzugehen?« Es geht um einen bewussteren Umgang mit Emotionen und Gefühlen. Wenn Sie schon einige Jahre Berufserfahrung haben, werden Sie differenzierter mit emotional herausfordernden Situationen umgehen als zu Beginn Ihrer Karriere. Sie haben bereits eine Lernkurve hinter sich. Nichtsdestotrotz werden Sie immer wieder an Ihre Grenzen geraten. Dynamik und Komplexität fordern Sie zunehmend heraus, auch im Umgang mit emotionalen Grenzsituationen.

Die Kompetenzen im Umgang mit Emotionen und Gefühlen werden auch Soft Skills genannt. So wie Softwareentwicklung, Projektmanagement oder Personalauswahl nicht ohne fachliche Tool-Sets auskommen, erfordern die sehr verschiedenen Kommunikationssituationen des Führungsalltags ein breites und ausgefeiltes sozio-emotionales Handlungsrepertoire. Dieses ist eine unabdingbare Voraussetzung für souveränes Handeln. Warum? Weil Sie nur so angemessen, gezielt und wirkungsvoll jenseits der Sachebene in komplexen Beziehungssituationen gestalterisch agieren können. Es ist offensichtlich, dass in einem Trennungsgespräch eine andere Herangehensweise notwendig ist als in einem Bord-Meeting oder einem Gespräch mit einem verärgerten Schlüsselkunden.

Jede Führungskraft hat bereits ein hohes soziales Kompetenzlevel entwickelt, sonst wäre sie wie gesagt nicht da, wo sie ist. Die gezielte Weiterentwicklung dieser Kompetenzen wird jedoch meist dem Zufall, unwillkürlichen Erfahrungen und dem unbewussten Lernen überlassen. Dabei verlangt gerade der hohe Anspruch, den viele an sich selbst stellen, ein gezieltes, professionelles Herangehen an diese Entwicklungsaufgabe. In der folgenden Abbildung finden Sie beispielhaft Anregungen für Aktion und Resonanz bei Emotionen.

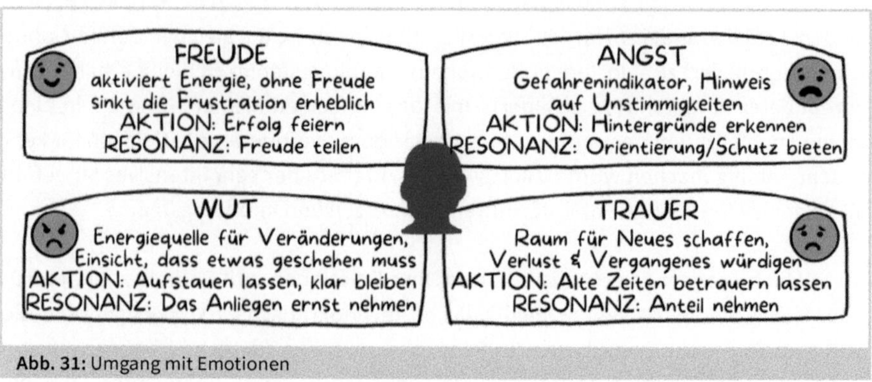

Abb. 31: Umgang mit Emotionen

Das Führen und Gestalten von Beziehungen unter der bewussten Einbeziehung von Emotionen ist sehr bedeutsam, um den eigenen Wirkungsgrad (d.h. Absicht zu Wirkung) in kommunikativen Prozessen zu erhöhen. Allerdings: Nur wenn Sie die eigenen Emotionen bewusst wahrnehmen und damit arbeiten, können Sie auch mit den Emotionen anderer so in Resonanz gehen, dass Sie diese aktiv in Ihre Kommunikation und Ihr gesamtes Verhalten einbeziehen. Erst nachdem ich bewusst Traurigkeit oder Wut darüber, dass ein Kollege anders als erwartet agiert hat, gespürt und reflektiert habe, kann ich mich in die Trauer oder Wut anderer besser hineinversetzen, was wiederum in der Beziehungsgestaltung Konflikte und Missverständnisse abfedert. Ich würde daher so weit gehen zu behaupten: Je besser Sie sich selbst und Ihre emotionale Befindlichkeit begreifen, desto besser verstehen Sie beinahe automatisch andere, vor allem in schwierigen Konstellationen. Versuchen Sie also weniger andere und mehr sich selbst zu verstehen, damit Sie – vermittelt über Ihr Selbstverständnis – wiederum andere besser verstehen.

Übung 18: Emotionale Intelligenz (ca. 90 min)

Daniel Goleman, der in seinem Buch »EQ. Emotionale Intelligenz« (1997) ein Konzept zur sogenannten emotionalen Intelligenz in Bezug auf Führung entwickelt hat, sind vor allem fünf Kompetenzbereiche für emotional souveränes Agieren relevant:

1. Selbstwahrnehmung,
2. Selbstregulierung,
3. Empathie,
4. Motivation und
5. Geschick im Gestalten sozialer Beziehungen.

Bei den folgenden Fragen geht es um diese fünf Bereiche. Nehmen Sie eine Einschätzung aus Sicht Ihrer Mitarbeitenden vor. Was glauben Sie, wie Ihre Mitarbeitenden Sie im Hinblick auf die aufgeführten Aussagen einschätzen?

	Trifft weniger zu	Trifft mehr zu
Selbstwahrnehmung		
Ich nehme meine Emotionen sehr gut wahr, lasse mich aber wenig von ihnen leiten.	☐	☐
Ich neige weder zu unrealistischen Grandiositätsgefühlen noch zu irrealen Minderwertigkeitsgefühlen.	☐	☐
Ich bin mir meiner Potenziale und Möglichkeiten sehr bewusst, profiliere mich weder auf Kosten anderer, noch dominiert Angst mein Verhalten in schwierigen Situationen.	☐	☐
Selbstmanagement		
Ich lebe meine Gefühle nicht aus, sondern gehe achtsam damit um und kann sie auch artikulieren.	☐	☐
Ich kann meine Gefühle bezogen auf die Umweltsituation wahrnehmen und modulieren.	☐	☐
Ich handele konstruktiv und suche weniger nach Ursachen als vielmehr nach Lösungen.	☐	☐
Empathie		
Ich kann mich gut in emotionale Befindlichkeiten anderer hineinversetzen, mein Handeln ist weniger selbstbezogen als vielmehr einbeziehend.	☐	☐
Mir fällt es leicht, die Dynamik einer Organisation gut zu erkennen, das gilt auch für informelle Strukturen und Regeln.	☐	☐
Ich agiere nicht isoliert vom organisationalen System, sondern als integraler Bestandteil und berücksichtige die auftretenden Wechselwirkungen.	☐	☐
Motivation		
Meine Zielorientierung ist gestützt durch klare und nachvollziehbare Vorstellungen, ich stehe hinter dem, was ich kommuniziere.	☐	☐
Ich bin überzeugend, klar und habe keine Angst um meine Autorität.	☐	☐
Mein Feedback ist auf die Sache und das Verhalten, nicht auf die Persönlichkeit meines Gegenübers ausgerichtet. Kritik an mir nehme ich an, ohne es gleich als Verletzung oder Angriff zu werten.	☐	☐

	Trifft weniger zu	Trifft mehr zu
Beziehungsgestaltung		
Ich initiiere und gestalte Veränderungen gerne, aber mit Bedacht und unter Einbeziehung der Beteiligten.	☐	☐
Konflikte sind für mich wichtige, gute Hinweise auf möglicherweise tiefer gehende Konflikte hinter Konflikten und Probleme, die sich weniger schnell lösen lassen.	☐	☐
Ein Netz von guten Beziehungen aufzubauen und zu pflegen, fällt mir leicht, der Zusammenhalt und das große Ganze spielen dabei für mich eine wichtige Rolle.	☐	☐

Fragebogen Einschätzung durch Mitarbeitende

Retrospektive

- Welche Einschätzungen sind Ihnen eher leicht-, welche eher schwergefallen?
- Konnten Sie eine echte Beobachtungs- bzw. Fremdperspektive zu sich selbst einnehmen?
- Überprüfen Sie Ihre Ergebnisse mit einer echten Fremdeinschätzung, die Sie von einer kritisch-wohlwollenden Person Ihres Vertrauens machen lassen.
- Wo sehen Sie Ihre Stärken?
- Woran wollen Sie noch arbeiten?
- Welche Herausforderungen in Ihrem strategischen Umsetzungsprojekt könnten Sie vielleicht schon durch einen bewussteren Einsatz Ihrer emotionalen Stärken besser meistern?
- Was werden Sie im Folgenden tun, um im Umgang mit Emotionen und Gefühlen wirkungsvoller zu werden?
- Welche Unterstützung benötigen Sie?
- Was wäre der erste folgende Schritt dazu?

Resümee

Was hat Sie bei dieser Übung überrascht oder verwundert? Was war interessant, hilfreich, was stimmt Sie nachdenklich? Notieren Sie Ihre drei wichtigsten Erkenntnisse dieser Übung!

4.11 Voraussetzung für Motivation: Identifikation von Grundbedürfnissen

Ist Ihnen eigentlich bewusst, wie Sie sich selbst motivieren oder wie andere sich motivieren? Auch das hat viel mit Emotionen und Gefühlen zu tun. Motivierte Menschen arbeiten besser, schneller, freudvoller und vor allem gerne an dem, was sie motiviert.

Als Führungskraft wünschen Sie sich vermutlich mehr motivierte Mitarbeitende für Ihre Umsetzungsarbeit. In den *Schaufenstern* zu agilen Methoden und Tools sind die Mitarbeitenden jedenfalls meist hoch motiviert und mit Spaß bei der Arbeit. In der Realität des Tagesgeschäfts sieht das allerdings oft anders aus.

Motive und Motivation stehen für zielgerichtete Handlungsmuster, die bezogen sind auf einen als positiv bewerteten Zustand. Doch was genau steckt hinter diesem Zustand, was motiviert oder demotiviert Mitarbeitende? Und kann eine Führungskraft andere überhaupt motivieren?

Es existiert eine Vielzahl von Motivationsmodellen, den meisten Personen dürfte die Unterscheidung zwischen extrinsischer und intrinsischer Motivation bekannt sein. Dabei speist sich die extrinsische Motivation aus dem angestrebten Ergebnis einer Tätigkeit oder Handlung, beispielsweise etwas Materiellem wie Geld oder etwas Immateriellem wie Anerkennung. Quell der intrinsischen Motivation ist dagegen die tätige Person selbst und was der Vollzug einer Tätigkeit ihr bedeutet, etwa, dass sie in Übereinstimmung mit den eigenen Wertvorstellungen steht, die Person sich mit ihr identifizieren kann und sie als persönlich sinnstiftend erlebt. Dass intrinsische Motivation wirkungsvoller und nachhaltiger ist als jede extrinsische Motivation, ist inzwischen mehrfach wissenschaftlich bewiesen worden.

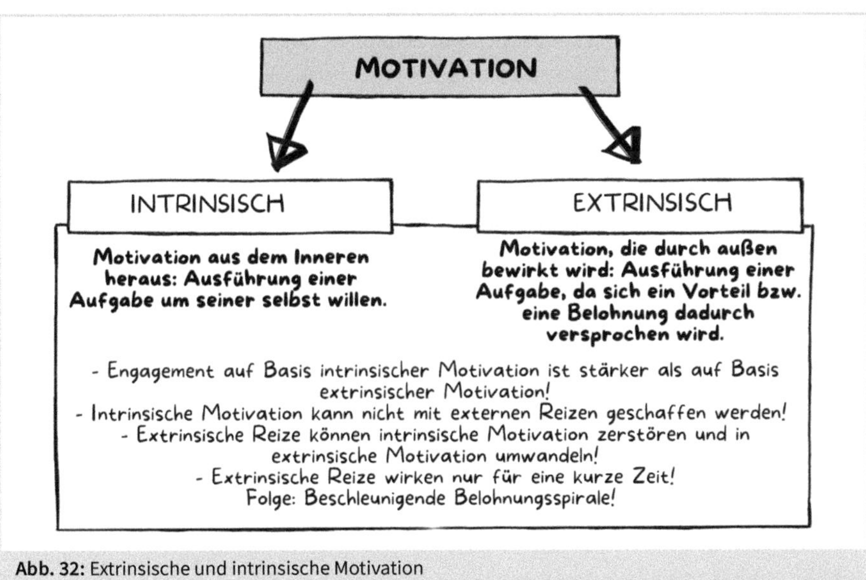

Abb. 32: Extrinsische und intrinsische Motivation

Ein anderes Konzept ist das der Motivation durch Leistung, Macht und Beziehung. Leistungsmotivation entspricht dabei dem Antrieb, erfolgreicher, schneller und besser als andere zu sein. Eine Machtmotivation dagegen entsteht aus dem Bedürfnis, den eigenen Einfluss und Gestaltungsmöglichkeiten zu vergrößern. Das Beziehungsmotiv stellt das Gewinnen von guten sozialen Kontakten und kooperativen Beziehungen in den Vordergrund.

Ich möchte im Folgenden einen neueren Ansatz vorstellen, der die oben genannten Modelle einbezieht und mit dem mittlerweile auch praktisch viel im agilen Kontext gearbeitet wird: das Modell der neurobiologischen Grundbedürfnisse. Der Berater David Rock und der Neurowissenschaftler Jeffrey Schwartz konnten anhand bildgebender Gehirnuntersuchungen zeigen, dass psychisch empfundene Belohnungen und Bedrohungen im Gehirn die gleichen Areale aktivieren wie solche, die physischer Art sind. Für das Gehirn und die damit verbundenen Reaktionen ist es egal, ob ein realer physischer Schmerz vorhanden ist oder eine Erniedrigung durch den Chef stattfindet. Soziale Interaktion kann also zu ähnlichen physiologischen und psychischen Reaktionen führen wie positive und negative körperliche Erfahrungen.

Rock und Schwartz haben herausgearbeitet, dass Menschen über fünf universelle Grundbedürfnisse verfügen, die, wenn sie erfüllt werden, ein Belohnungsareal mit positiven Emotionen im Gehirn aktivieren. Bei Nichterfüllung hingegen wird ein woanders verortetes Bedrohungs- und Schmerzareal aktiv. Diese Reaktionen des Gehirns beeinflussen Wahrnehmung, Problemlösungsfähigkeit, Entscheidungsprozesse, die Fähigkeit zur Zusammenarbeit sowie die Motivation maßgeblich. Diese Erkenntnis ist fundamental für die Beantwortung der Frage, was Menschen motiviert. Wenn die wichtigsten Grundbedürfnisse weitgehend erfüllt sind, liegt eine emotional positive Grundstimmung vor, was Voraussetzung für motiviertes Handeln ist. Sind wichtige Grundbedürfnisse dagegen unerfüllt, ist genau das Gegenteil der Fall.

Die fünf neurobiologischen Grundbedürfnisse nach Rock und Schwartz sind:
1. Status,
2. Sicherheit,
3. Autonomie,
4. Beziehung und
5. Fairness.

Als Akronym der englischen Begriffe (Status, Certainty, Autonomy, Relatedness, Fairness) ist die Theorie auch als SCARF-Modell bekannt.

Status

Das Grundbedürfnis nach Status drückt sich in der individuellen Wahrnehmung der Positionen innerhalb der relevanten sozialen Gruppe aus. Der Status steht für eine relative, offiziell und inoffiziell zugestandene Rangordnung. Die relative Wichtigkeit gegenüber anderen in der Vergleichsgruppe kann als erfülltes Grundbedürfnis stark positiv-emotionale Reaktionen auslösen. Dies muss nicht zwingend über die formale Rangordnung erfolgen, es kann auch das wertschätzende Herausstellen Einzelner in der Gruppe für ein Gesamtergebnis sein. Umgekehrt führt das unerfüllte Statusbedürfnis zu negativen emotionalen Befindlichkeiten. Ich habe hochrangige Führungskräfte in massiven psychischen Krisen erlebt, die durch ein Downgrade in der Dienstwagenregelung ihres Arbeitgebers die Mischbereifung an ihrem Geschäfts-KFZ verloren hatten, was subjektiv einem massiven Statusverlust gleichkam.

Sicherheit

Wir sind bereits in Kapitel 4.2 auf wahrgenommene Sicherheit und Unsicherheit eingegangen. Dieses Grundbedürfnis bezieht sich auf den Wunsch, Gewissheit über Situationen und Ereignisse in der Zukunft zu haben, um die Wirksamkeit und Vorhersagbarkeit der eigenen Handlungen besser einschätzen zu können. Ein typischer Ansatz dafür, dieses Grundbedürfnis zu erfüllen, ist das Erstellen von Plänen, wodurch Sicherheit durch zukünftige Handlungsfähigkeit simuliert wird. Gerade in sehr unsicheren Zeiten wie Krisensituationen kann das Verletzen dieses Grundbedürfnisses zu negativen emotionalen Zuständen und empfundener Bedrohung führen, was mit Stresssymptomen, einem Gefühl von Hilflosigkeit oder auch aktivem Widerstand gegen Veränderungen einhergeht. Umgekehrt kann ein Gefühl von Gewissheit und Sicherheit auch ohne konkrete Pläne durch die Art der Zusammenarbeit ermöglicht werden. Die Harvard Professorin Amy Edmondson hat in Studien gezeigt, dass Offenheit, Fehlertoleranz, Empathie und individuelle Wertschätzung ein hohes Maß an subjektiver, also gefühlter Sicherheit ermöglichen. Edmondson bezeichnet dieses Phänomen als psychologische Sicherheit.

Autonomie

Dieses Grundbedürfnis bezieht sich auf die Wahrnehmung eigener Entscheidungs- und Gestaltungsspielräume. Deren Einengung kann als Bedrohung mit entsprechenden emotionalen Reaktionen empfunden werden. Im betrieblichen Alltag zeigt sich dies in Form von Vorgaben und Richtlinien, vor allem aber bei der Delegation von Aufgaben und Verantwortung. Wird dies als zu eng und einschränkend empfunden, ist das Grundbedürfnis nach Autonomie verletzt. Typisch in diesem Zusammenhang ist das Verhalten von Führungskräften, Mitarbeitenden einerseits Verantwortung zu übertragen und dann andererseits in einzelne Entscheidungen hineinzuregieren. Dies verletzt das Autonomiebedürfnis der Mitarbeitenden. Umgekehrt ist auch eine Überforderung dieses Bedürfnisses möglich: Wenn etwa das Bedürfnis nach Sicherheit dem nach Autonomie überwiegt, können durch zu viel Gestaltungsfreiheit ebenfalls negative Emotionen und damit Demotivation ausgelöst werden.

Beziehung

Soziale Zugehörigkeit und Verbundenheit sind ebenfalls Grundbedürfnisse und ein wichtiger Aspekt von Erleben und Verhalten. Wir fühlen uns in Beziehung mit anderen, wenn wir der gleichen sozialen Gruppe angehören, d. h., kulturelle Grundwerte geteilt werden. In Kapitel 4.3 haben wir bereits gesehen, dass jede Führungskraft im Rahmen der Unternehmenskultur die spezifische Kultur ihres eigenen Verantwortungsbereichs prägt. Dies ermöglicht den Beteiligten das Gefühl der Zugehörigkeit und kann im Extremfall bis zu einem ausgeprägten Corpsgeist reichen. Beziehung und Zugehörigkeit sind eng mit Vertrauen verbunden, was mit eingeschränkter Antizipation zukünftigen Handelns und dem Verzicht auf Kontrolle zu tun hat. Vertrauensvolle Beziehungen reduzieren somit Kontrollkosten und sind auch deshalb die Basis wirkungsvoll agierender Teams und Organisationen. Immer wieder habe ich Konfliktursachen in Teams häufig zwischen Festangestellten und Leiharbeitern oder Freelancern ausgemacht, die ihre tiefe Verwurzelung in dem Gefühl der fehlenden Zugehörigkeit bei einem Teil des Teams hatte.

Fairness

Dieses Grundbedürfnis beruht, wie Status, auf dem Vergleich innerhalb einer sozialen Gruppe. Der offensichtlichste Fall einer Fairnessverletzung ist die unterschiedliche Entlohnung vergleichbarer Tätigkeiten; dies kann ein Gefühl von Bedrohung auslösen. Häufig sind die Anlässe für das Erfüllen oder Verletzen dieses Grundbedürfnisses aber deutlich subtiler. Faires oder unfaires Verhalten kann auch am Zugang oder dem Verteilen von Informationen sowie an nicht nachvollziehbaren Prämissen für Entscheidungen oder für Lob und Tadel festgemacht werden. Desto klarer und transparenter Unterschiede in diesen Punkten begründet werden, desto weniger besteht die Gefahr der Verletzung dieses Grundbedürfnisses. Wenn Sie also eine Mitarbeiterin befördern, oder einem Projektmitglied besondere Informationen oder besonders viel Aufmerksamkeit zukommen lassen, begründen Sie es für alle Beteiligten offen und transparent. Wie tief dieses Grundbedürfnis nicht nur bei Menschen, sondern in allen Primaten verankert ist, zeigt eine Studie des Verhaltensforschers Frans de Waal mit Kapuzineraffen. Schauen Sie sich das kurze Video[24] dazu einfach im Internet an.

Wie kann dieses Konzept der neurobiologischen Grundbedürfnisse Ihnen nun bei der besseren Umsetzung von Strategien helfen? Indem Sie Potenziale zu mehr Motivation bei den Beteiligten gezielter und besser nutzen. Jeder Mensch hat ein individuelles Profil in der Gewichtung seiner einzelnen Grundbedürfnisse. Wir laufen jedoch tendenziell Gefahr, unsere eigenen Präferenzen auf andere zu projizieren und wundern

24 https://www.youtube.com/watch?v=-KSryJXDpZo.

uns dann, dass unsere Motivations- und Charme-Offensive für mehr Gehalt, mehr Planung, mehr Verantwortung, mehr Einbindung oder mehr Egalität scheitert.

Übung 19: Grundbedürfnisse klären (ca. 60 min)

Wie immer ist es wichtig, sich selbst gut zu kennen, um andere besser zu verstehen. Erst wenn Sie sich Ihre ganz eigene Gewichtung der Grundbedürfnisse und deren Bedeutung für Sie vergegenwärtigen, können Sie im nächsten Schritt Hypothesen über die Grundbedürfnisse anderer aufstellen und prüfen. Probieren Sie dies mit Hilfe dieser Übung und notieren Sie sich Ergebnisse.

1. Überlegen Sie, wie Sie Ihre eigenen Grundbedürfnisse einschätzen. Welches ist Ihnen am wichtigsten, welches ist weniger wichtig? Wie sind die Relationen und Gewichtungen? Würden andere, die Sie kennen, das auch so sehen? Erstellen Sie nun ein Kuchendiagramm und unterteilen Sie es in fünf Stücke, die in der Größe der Gewichtung Ihrer fünf Grundbedürfnisse entsprechen. Überprüfen Sie Ihre Annahmen, indem Sie für jede Präferenz zwei bis drei Beispiele für Motivation in Ihrem Alltag hinterlegen. Überprüfen Sie Ihre Selbsteinschätzung durch Gespräche mit Freunden und Kolleginnen.
2. Nehmen Sie die wichtigsten Stakeholder Ihrer Arbeit aus Kapitel 4.8 und entscheiden Sie sich für einen von diesen, bei dem Sie Probleme mit der Motivation vermuten. Schätzen Sie, wie groß die Kuchenstücke für Grundbedürfnisse bei dieser Person ist. Untermauern Sie auch diese Annahmen mit zwei bis drei Beispielen aus dem Alltag und überprüfen Sie sie ggf. mit weiteren Einschätzungen anderer.
3. Auf dieser Basis bereiten Sie das nächste Gespräch vor, in dem Sie gezielt einzelne Punkte ansprechen, um Ihre Annahmen zu überprüfen. Somit haben Sie ein besseres Verständnis Ihres Stakeholders und könnten nun statt mehr – vielleicht nicht gewünschte – Verantwortung eine Gehaltserhöhung, statt der Einbeziehung in den Lenkungskreis mehr Transparenz in Ihre persönlichen Ziele – oder umgekehrt – anbieten. Die Motivation wird unweigerlich steigen.

Retrospektive

- Was ist Ihnen bei den Überlegungen zu sich selbst besonders leicht- oder schwergefallen? Haben Sie eine klare Einschätzung Ihrer eigenen Grundbedürfnisse?
- Was fällt Ihnen bei Ihrem Profil auf?
- Sind aus Ihrer Sicht Ihre eigenen Grundbedürfnisse weitgehend erfüllt? Wo besonders, und wo gar nicht?
- Was ist Ihnen bei den Überlegungen zu Ihrem Stakeholder besonders leicht- oder schwergefallen? Konnten Sie eine gute Einschätzung vornehmen?
- Was fällt Ihnen am Profil Ihres Stakeholders, vor allem im Vergleich zu Ihrem Profil, auf?

- Wo sehen Sie seine Grundbedürfnisse besonders und wo gar nicht erfüllt?
- Welche Lösungen gäbe es, um bei weniger erfüllten Grundbedürfnissen einen besseren Rahmen zu schaffen?
- Wie könnten Sie die Wirksamkeit der Lösungen *testen*, welches Vorgehen wäre möglich?

Resümee
Was hat Sie bei dieser Übung überrascht oder verwundert? Was war interessant, hilfreich, was stimmt Sie nachdenklich? Notieren Sie Ihre drei wichtigsten Erkenntnisse dieser Übung!

4.12 Eskalation – Wenn die Chemie nicht stimmt

Vermutlich ist Ihnen die folgende Situation so oder so ähnlich vertraut: Es ist ein Meeting geplant, zu dem zehn Personen eingeladen sind. Es gibt keine Tagesordnung, nur das Thema ist vorgegeben: Budgetaufteilung, ein bekanntermaßen konfliktlastiger Gegenstand. Vermeintlich kann es nur Gewinner und Verlierer geben. Sie gehen zu diesem Meeting, zwei der eingeladenen Teilnehmenden fehlen. Das Zusammentreffen beginnt bereits chaotisch mit einer Diskussion über die Tagesordnung. Zunehmend geraten zwei Personen aneinander, ein handfester Streit entsteht. Erschüttert von dessen Heftigkeit, in dem es nun richtig persönlich geworden ist, schalten sich die ersten der bisher eher erstarrten Kolleginnen und Kollegen ein und versuchen, eine Lösung zu finden.

Was sind typische Vorschläge, die in so einer Situation gemacht werden? Mit Einwürfen wie: »Worum geht's hier eigentlich, lasst uns mal wieder zur Sache kommen!«, oder: »Lasst uns doch nochmals auf die Fakten schauen!«, versucht man zur Sachebene zurückzukehren. Möglich ist auch ein Einlenken durch eine Unterbrechung oder Pause: »Lasst uns mal kurz unterbrechen und einen Kaffee trinken!«, oder: »Warum machen wir nicht mal eine Pause und lüften? Hier ist zu dicke Luft!« Weitere Vorschläge könnten auf ein Vertagen oder auf einen ersten Lösungsschritt zielen: »Wir haben noch einige Punkte vor uns, lasst uns das Thema vertagen und weitermachen!«, oder: »Wie könnte denn ein erster gemeinsamer Schritt in Richtung Lösung für euch aussehen?«

Wenn es zurück zur Sache geht, fällt die emotionale Erregung ab und auch die persönliche Betroffenheit wird geringer. In der Pause finden typischerweise Gespräche in kleinen Runden statt, sodass sich die Kontrahenten wieder beruhigen. Wenn das Thema vertagt oder ein Teilaspekt gelöst wird, ist fürs Erste eine Lösung gefunden. Es können also alle Ansätze in bestimmter Hinsicht und für eine bestimmte Richtung hilfreich sein. Wenn Sie sich für genau einen entscheiden müssten: Welcher wäre in einer solchen Situation Ihr präferierter Lösungsweg?

Vermutlich geraten Sie wie die meisten Führungskräfte immer wieder in Situationen eines Zusammentreffens mit Menschen, mit denen Sie einfach kein gemeinsames Verständnis erzielen können. Es kommt Ihnen vor, als würden Sie aus unterschiedlichen Welten stammen und keine gemeinsame Sprache, geschweige denn eine gemeinsame Lösung finden können. Der Konflikt ist da meist vorprogrammiert. Dann denken Sie vielleicht so etwas wie: »Die Chemie stimmt nicht.«

Tatsächlich geht es hier jedoch weniger um Chemie als um Kommunikationsmuster und dahinter liegende Lösungspräferenzen, die es zu erkennen und zu verstehen gilt. Hierfür gibt es mehrere theoretisch basierte Erklärungsansätze, die für die Praxis aus meiner Sicht weniger geeignet sind. Ich habe daher, ausgehend von meiner Erfahrung, die ich als Organisationspsychologe in der Zusammenarbeit mit Führungskräften gesammelt habe, sowie auf der Basis des GPA-Schemas nach SySt© und des Modells der *Managerial Style Triangle* des kanadischen Strategie- und Managementprofessors Henry Mintzberg einen Ansatz entwickelt, der als praxisorientierte Herangehensweise für das Erkennen und Verstehen von Bewertungs- und Lösungskonflikten hilfreich sein kann.

Ich nenne diesen Ansatz *Lösungspräferenzen-Triade*. Er basiert auf der Annahme, dass jeder von uns bestimmte Bewertungs- und Lösungsmuster präferiert, die in erster Linie drei unterschiedlichen Feldern von Grundwerten entspringen. Die Lösungspräferenzen-Triade enthält entsprechend drei Pole: *Wissen, Struktur* und *Beziehung*, die diese Grundwerte abbilden und gewissermaßen die Prämissen unseres intuitiven Vorgehens enthalten. Diesen drei Feldern von Grundwerten lassen sich wiederum typische Verständnis- und Kommunikationsformen zuordnen, die ihnen jeweils entspringen.

Die folgende Abbildung zeigt diese Triade mit ihren drei Lösungspräferenz-Polen. Den Polen zugeordnet sind Wortgruppen, die die jeweiligen Lösungspräferenzen und ihre zugrunde liegenden Werte umschreiben.

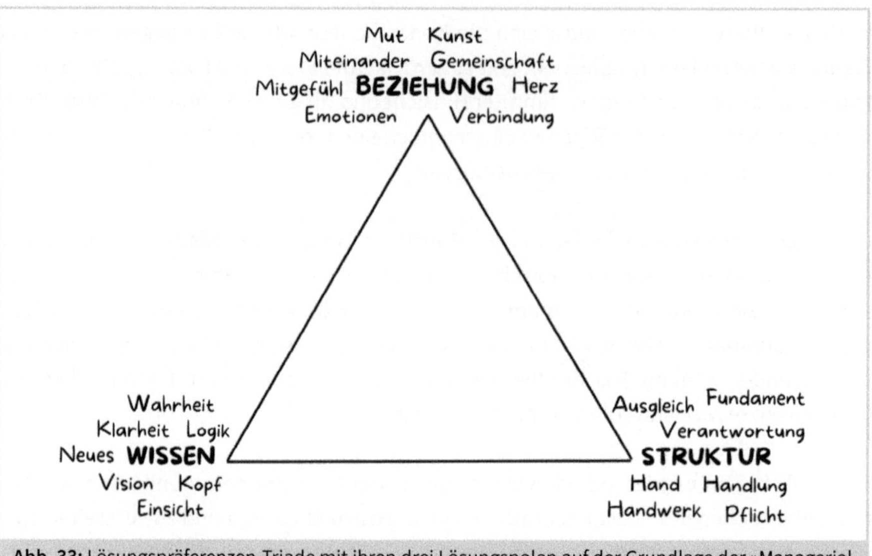

Abb. 33: Lösungspräferenzen-Triade mit ihren drei Lösungspolen auf der Grundlage der »Managerial Style Triangle« nach Mintzberg und des »GPA-Schemas« nach SySt®

Als Führungskraft sind Sie in der Lage, in normalen Kommunikationssituationen souverän und bewusst im gesamten Raum der Lösungspräferenzen-Triade zu navigieren. Sie können aus unterschiedlichen Perspektiven auf Problemstellungen sowie Lösungsmöglichkeiten schauen. Je mehr Sie jedoch eine Situation als kritisch empfinden, sich unter Druck gesetzt fühlen oder stark emotional involviert sind, desto mehr spitzt sich Ihr bewusster Handlungsspielraum zu. In diesem Fall greifen zunehmend Ihre intuitiven, unbewusst präferierten Lösungsansätze, die sich aus Ihrem emotionalen Erfahrungsgedächtnis speisen, und meistens nur einem der drei dargestellten Pole nahestehen.

Wenn Sie in der eingangs beschriebenen Situation der Konflikteskalation im Meeting zunächst erstarren und dann intuitiv Ihren Lösungsvorschlag einbringen, wird dies die Lösung sein, die Sie intuitiv für die beste halten – das ist Ihre Lösungspräferenz.

- Wenn Sach- und Faktenorientierung Ihre Grundwerte prägen, spricht einiges dafür, dass Sie in stressigen Situationen aus dem Wissenspol heraus Lösungen suchen oder auch Entscheidungen fällen.
- Hätten Sie in der Kaffeepause persönlich-informelle Klärungsgespräche direkt mit einem der Beteiligten geführt? Dann würde Ihr Lösungsansatz dem Beziehungspol entstammen.
- Bei einer Vertagung, aber auch bei einem kleinen Schritt in die vermeintlich richtige Richtung wäre Ordnung und Ausgewogenheit Ihr Anliegen gewesen, Sie hätten somit aus dem Strukturpol heraus agiert.

Sehr wahrscheinlich hätten Sie, wenn der Konflikt weniger dramatisch und Sie sich weniger unter Druck gesetzt gefühlt hätten, alle drei Optionen nutzen können. Unter Stress verengt sich aber der Lösungsraum auf die Präferenzen mit den zugrunde liegenden Grundwerten.

So weit, so gut: Wenn Sie also genügend Zeit haben und nicht unter Druck stehen, können Sie sorgfältig abwägen und kommunizieren. Aber wenn es kritisch wird, verlassen Sie sich auf Ihre Intuition und damit auf den Pol, der für Sie intuitiv der richtige ist. Das funktioniert auch meist sehr gut, aber eben nicht immer. Wie kann Ihnen die Lösungspräferenzen-Triade hier weiterhelfen?

Als Führungskraft handeln Sie schwierige Situationen mehr oder weniger kommunikativ aus – mit Kollegen, Vorgesetzten, Mitarbeitenden oder Kunden. Wenn die Zeit knapp oder das Thema sehr komplex ist, haben Sie dann möglicherweise das Gefühl, nicht verstanden zu werden, weil Ihre Gesprächs- und Verhandlungspartner Sie vermeintlich nicht verstehen können oder wollen. Dann eskaliert es, einige werden gewinnen, andere verlieren.

Versetzen Sie sich in eine Gesprächssituation, in der Sie selbst mit einem schwierigen Mitarbeitenden oder Kunden zu einer gemeinsamen Lösung kommen wollen. Sie haben im Vorfeld schon eine Reihe von Gesprächen geführt, werden ungeduldig, es geht um ein wichtiges und heikles Thema. Sie haben das Gefühl, einfach nicht weiterzukommen. Je nachdrücklicher Sie Ihre Position vertreten und versuchen, Ihr Gegenüber zu überzeugen, desto stärkeren Widerstand spüren Sie. Sie versuchen, vor allem mit Fakten und der Schilderung objektiver Tatsachen Ihr Lösungsangebot darzulegen. Ihr Gesprächspartner reagiert jedoch emotional, wird persönlich, beschreibt aus Ihrer Sicht vollkommen unangemessen seine Wünsche oder Gefühle und scheint überhaupt nicht zugänglich für Ihre Argumente zu sein.

Möglicherweise kollidiert hier Ihre intuitive Lösungspräferenz (»Für mich zählen Zahlen, Daten und Fakten!« – Lösungspol Wissen) mit der Ihres Gegenübers (»Für mich zählt eine vertrauensvolle Zusammenarbeit!« – Lösungspol Beziehung). Wenn Sie sich diesen möglichen Wirkungszusammenhang nicht bewusst machen, wird das Gespräch eskalieren oder zumindest (erneut) ergebnislos verlaufen.

Schauen wir uns noch einmal die drei Lösungspole an. Mit den Werten und Lösungspräferenzen, die den Polen zugeordnet sind, lassen sich bestimmte Verhaltensformen verbinden. Auch hier ist es so, dass Sie vermutlich das gesamte dargestellte Verhaltensrepertoire beherrschen. In angespannten Situationen jedoch greifen Sie intuitiv auf das zurück, was Sie jeweils als richtig und angemessen empfinden – ebenso Ihr Gegenüber. Je nach Lösungspräferenz kann das erheblich variieren.

Typische Verhaltensmuster Lösungspol: Beziehung	Typische Verhaltensmuster Lösungspol: Struktur	Typische Verhaltensmuster Lösungspol: Wissen
• Verhält sich gerne sozial • Traut anderen etwas zu • Verfolgt Ziele leidenschaftlich • Agiert auch emotional • Kann Wertschätzung zeigen • Lässt Gefühle zu • Reißt andere gerne mit • Achtet auf gute Atmosphäre • Hat viele Wünsche und Ideen • Legt Wert auf Vertrauen	• Arbeitet gerne strukturiert • Kommt schnell ins Tun • Verhält sich meist zielstrebig • Ist auf Ausgleich bedacht • Entscheidet gerne intuitiv • Geht Schritt-für-Schritt vor • Handelt umsetzungsorientiert • Hat Gerechtigkeitssinn • Achtet auf Wechselwirkungen • Legt Wert auf Ordnung	• Guter Zugang zu Theorie • Löst viel über den Verstand • Denkt oft visionär • Kann gut Distanz wahren • Ist neugierig • Möchte Themen gut verstehen • Erklärt gerne • Argumentiert gut • Experimentiert gerne • Legt Wert auf Klarheit

Tab. 3: Typische Verhaltensmuster bezogen auf die drei Pole der Lösungspräferenzen-Triade

Interessant ist, dass man von der Wortwahl einer Person bereits auf ihre jeweilige Lösungspräferenz schließen kann. Wenn jemand etwa häufig Wörter wie *Wir, Team, Miteinander, Leidenschaft, Wünsche, Vertrauen* oder *Gemeinschaft* verwendet, ist eine Beziehungspräferenz zu vermuten. Werden häufig Wörter wie *pragmatisch, Regeln, Umsetzung, schrittweise, Erfahrung, gerecht* oder *Ordnung* gebraucht, liegt eher die Strukturpräferenz nahe. Wörter wie *Klarheit, Strategie, klug, Argument, Fakten, Sache, rational* und *Logik* deuten dagegen auf eine Wissenspräferenz hin.

Wie können diese Erkenntnisse Ihnen nun aber in Ihrem Alltag oder bei der Strategieumsetzung helfen? Wenn Sie Ihre eigenen Lösungspräferenzen kennen und in der Lage sind, die Ihrer Gesprächspartner durch aufmerksames Zuhören und Reflektieren entsprechend einzuschätzen, können Sie bewusst schwierige Gespräche viel einfacher lösungsorientiert gestalten. Sie kennen Ihre eigenen intuitiven Verhaltens- und Lösungsmuster, können diese an bestimmten Stellen des Gesprächs, wenn nötig, bewusst zurückhalten und gezielt auf die vermutlichen Präferenzen Ihres Gegenübers eingehen.

Wenn etwa für Sie vor allem Fakten zählen und für Ihren Gesprächspartner eine gute Beziehung wichtig ist, starten Sie mit ein paar Minuten persönlichem Warm-up, auch wenn Ihnen Ihre Intuition sagt, dass das vollkommen unnötig und Zeitverschwendung ist. Verwenden Sie weniger Ihre üblichen Schlüsselwörter, sondern die Ihres Gegenübers. Wenn Sie bei diesem eine Strukturpräferenz vermuten, beginnen Sie das Gespräch mit der Agenda, der Zeitplanung und Zielsetzung, auch wenn Sie lieber direkt ins Sachthema einsteigen würden. Verwenden Sie dann Schlüsselwörter wie *Ziele, Zusammenhang, Wechselwirkung* und *Umsetzung.*

Auf diese Weise lenken Sie ausgehend von der vermuteten Präferenz Ihres Gesprächspartners die Kommunikation auf eine Metaebene und schaffen so die Voraussetzung für eine lösungsorientierte und konfliktreduzierte Verständigung. Ihr Gegenüber fühlt sich verstanden, akzeptiert und geschätzt.

Sie könnten sich nun die Frage stellen, warum Sie sich überhaupt auf dieses Vorgehen einlassen sollten. Schließlich können Sie auch erwarten, dass sich Ihre Gesprächspartner auf Sie einstellen und Ihnen folgen. Wenn das nicht gelingt, ist es eben deren Problem. Diese Haltung ist zwar menschlich nachvollziehbar, aber wenig professionell, nicht zielführend und bringt meist nur suboptimale Ergebnisse, die ganz sicher nicht in Ihrem Sinne sind.

In meiner Praxis bin ich immer wieder auf Situationen gestoßen, in denen Führungskräfte ihre Wertvorstellungen und ihren damit verbundenen Managementstil mehr oder weniger gut einschätzen konnten. Dabei sind nach meiner Beobachtung häufig diejenigen Führungskräfte langfristig erfolgreich, die sich ihrer eigenen Lösungspräferenzen sehr bewusst sind, dieses Wissen gezielt in ihrer Kommunikation nutzen und mit Personen kooperieren, die über komplementäre Präferenzen verfügen. Die Führungskräfte, die vor allem Gleichgesinnte mit vergleichbaren Lösungspräferenzen schätzen und andere als langweilig, kalkulierend oder narzisstisch herabwerten, sind komplexen Entscheidungssituationen weniger gewachsen, verbringen mehr Zeit mit ergebnislosen Konflikten, vergeben die wertvollen Möglichkeiten eines wirkungsvollen Miteinanders und sind meist auf längere Sicht weniger erfolgreich.

Erhöhen Sie Ihren Wirkungsgrad mit Hilfe der Lösungspräferenzen-Triade
Sind wir im widersprüchlichen Austausch mit Menschen, deren intuitive Lösungsmuster andere sind als unsere eigenen, drohen Konflikte und Widerstand. Das Modell der Lösungspräferenzen-Triade hilft, diese Muster bei uns selbst und bei unseren Gesprächspartnern besser zu verstehen.

Wenn Sie sich Ihrer eigenen Lösungspräferenz bewusst sind und auch die Ihres Gesprächspartners erkannt haben, lassen sich angespannte Entscheidungs- und Gesprächssituationen lösungsorientierter gestalten. Hierzu tragen die drei vorgestellten Lösungspräferenzen Beziehung, Wissen und Struktur mit ihren drei Feldern von eigenen Werten und Wertevorstellungen bei, auf die Sie in schwierigen, zeitlich engen und emotional herausfordernden Situationen intuitiv und präferiert zurückgreifen können. Das Wissen um die verschiedenen Lösungspräferenzen und das damit verbundene Hinterfragen eigener und fremder Werte und Entscheidungsprämissen ermöglicht den überlegten und zielorientierten Umgang mit schwierigen Situationen

Wenn Sie wirkungsorientiert arbeiten, kommunizieren und entscheiden, ist diese Herangehensweise eine gute Möglichkeit, um Ihren Wirkungsgrad in widersprüchlichen und paradoxen Situationen zu erhöhen. Führungskräfte werden immer an ihrer Wirkung gemessen, die vor allem auf wirkungsvoller Kommunikation basiert. Es zählt das, was Sie (kommunikativ) erreichen, nicht Ihre gute Absicht und auch nicht, ob Sie vermeintlich im Recht sind.

Übung 20: Selbsteinschätzung Ihrer Lösungspräferenzen (ca. 90 min)

In der folgenden Übung können Sie Ihre Selbsteinschätzung, welcher Präferenz Sie folgen, überprüfen und sehen, welcher Führungsstil damit möglicherweise verbunden ist. Mit diesem bewussteren Selbstverständnis haben Sie bereits den ersten Schritt zur besseren Konfliktbewältigung getan, wenn im Zwischenmenschlichen die Chemie nicht stimmt.

Wichtig: Die Auswertung nehmen Sie diesmal direkt hier vor, in Ihrem Notizbuch können Sie Anmerkungen ergänzen.

- Überlegen Sie, wie Sie in Ihrem Führungs- oder Arbeitsalltag typischerweise agieren. Wo liegt vermutlich Ihre persönliche Lösungspräferenz? Halten Sie sich für Ihre Analyse besonders emotional herausfordernde Situationen vor Augen.
- Nehmen Sie nun eine konkrete Einschätzung vor und verteilen Sie 15 Punkte auf die drei Lösungspräferenzen, so wie Sie sich selbst wahrnehmen. Überlegen Sie zur Validierung Ihrer Selbsteinschätzung zudem, wie andere Sie vermutlich einschätzen. Orientieren Sie sich für Ihre Einschätzung dazu an den Verhaltensbeispielen der Tabelle 3 in diesem Kapitel.

	Beziehung	**Struktur**	**Wissen**
Summe (15):	____________	____________	____________

Damit haben Sie die Punktwerte für Ihre Präferenzen Beziehung (B), Struktur (S) und Wissen (W) ermittelt. In der Summe muss die Auswertung 15 Punkte ergeben.

Tragen Sie nun Ihre Punktwerte aller drei Bereiche in das nachfolgend abgebildete Dreieck (Abb. 35) ein. Orientieren Sie sich am ersten Dreieck als Lesebeispiel (Abb. 34), in das Beispielwerte eingetragen wurden.

Die mit B0 bis B15 bezeichnete Linie repräsentiert die Präferenz *Beziehung*; wenn Sie in diesem Bereich z. B. 5 Punkte erreicht haben, umkreisen Sie hier also B5. Anschließend ziehen Sie eine Linie am Raster des Dreiecks. Im Beispiel zeichnen Sie also eine diagonale Linie von B5 zu S10. Gehen Sie für die Präferenzen *Wissen* (W1 bis W15) und *Struktur* (S1 bis S15) genauso vor; hier sind jeweils diagonale Linien zu zeichnen. Insgesamt zeichnen Sie also drei Linien in das Dreieck ein.

Markieren Sie den Punkt, an dem sich alle Linien treffen. Dieser Punkt zeigt den Schwerpunkt Ihrer Lösungspräferenzen im Gesamtbereich der Lösungspräferenzen-Triade an.

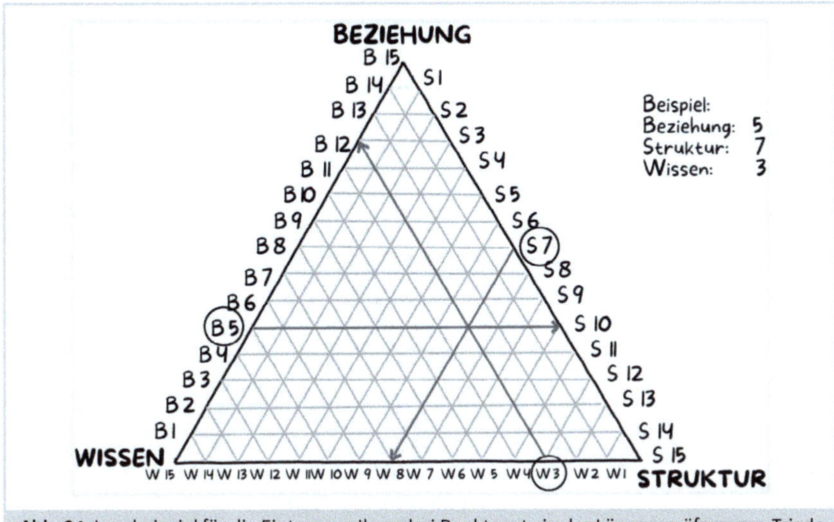

Abb. 34: Lesebeispiel für die Eintragung Ihrer drei Punktwerte in der Lösungspräferenzen-Triade

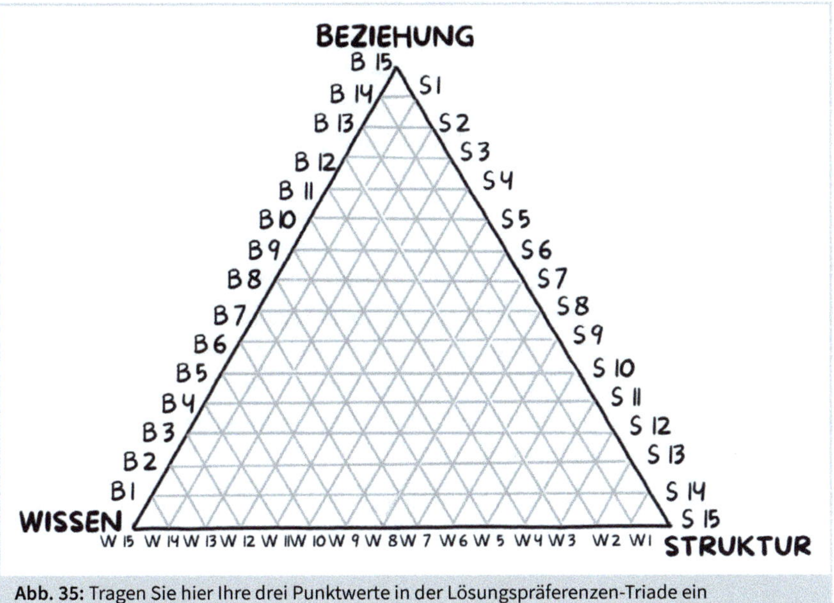

Abb. 35: Tragen Sie hier Ihre drei Punktwerte in der Lösungspräferenzen-Triade ein

Henry Mintzberg hat in seiner Betrachtung der Managerial Style Triangle eine interessante und zur Reflexion anregende Einschätzung von Managementstilen gemacht (siehe folgende Abbildung 36[25]): Je nachdem, welche Präferenzen Sie haben und wo Sie in der Triade verortet sind, könnte Ihr Führungsstil entsprechend wahrgenommen werden.

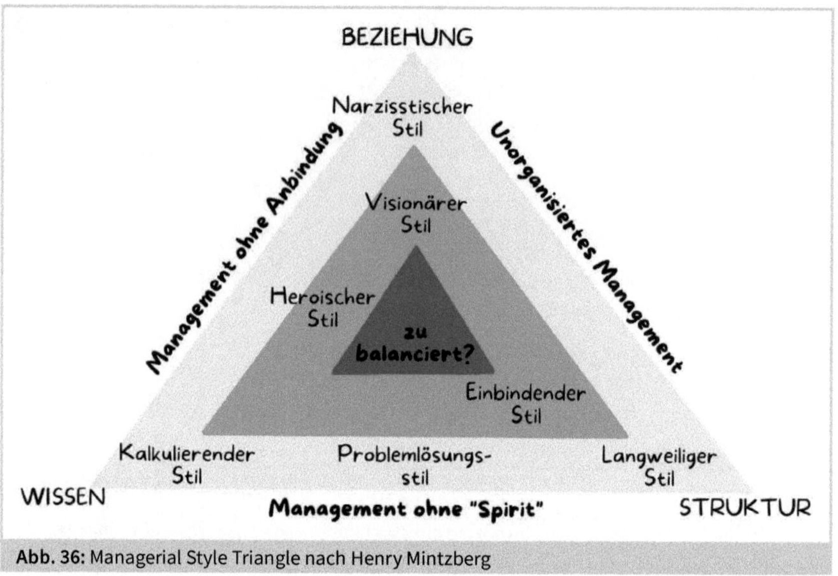

Abb. 36: Managerial Style Triangle nach Henry Mintzberg

Retrospektive

- Wie eingängig erscheint für Sie das beschriebene Konzept?
- Können Sie Ihr typisches Lösungsverhalten und das anderer darin wiederfinden?
- Ist Ihnen die Aufteilung der 15 Punkte auf die drei Lösungspräferenzen leichtgefallen?
- Wenn nein: Was fehlt Ihnen für eine bessere Selbsteinschätzung?
- Ist Ihre Verortung in dem Dreieck eher zentral oder eher an einer der drei Seiten?
- Wie haben Sie auf die Beschreibung des möglichen Managementstils in Abb. 36 reagiert? Was war Ihr erster Impuls dazu?
- Könnte die Selbsteinschätzung Ihres Managementstils in Abb. 35 möglicherweise auch als Zuschreibung durch andere zutreffen?
- Können Sie sich vorstellen, aufgrund dieses Ansatzes besser vorbereitet in schwierige Gespräche zu gehen?
- Was wäre für eine gute Vorbereitung dieser Gespräche notwendig?

25 Mintzberg, H./Ahlstrand, B./Lampel, J. (1999): Strategy Safari: Eine Reise durch die Wildnis des strategischen Managements, Wien, eigene Darstellung.

Resümee
Was hat Sie bei dieser Übung überrascht oder verwundert? Was war interessant, hilfreich, was stimmt Sie nachdenklich? Notieren Sie Ihre drei wichtigsten Erkenntnisse dieser Übung!

4.13 Die größte Herausforderung: Umgang mit Widerstand

Die im vorhergegangenen Kapitel thematisierte Eskalation kann in weniger bedeutenden Fällen auch durch formale Regeln oder schlicht durch das bekannte »Ober-schlägt-Unter« gelöst werden. Bei größeren Veränderungen, die Strategieumsetzungen in der Regel sind, ist dies jedoch nicht besonders wirkungsvoll. Wenn Ihre wichtigen Stakeholder – oder auch Sie selbst – nicht von den notwendigen Änderungen überzeugt sind, kann eine Widerstandshaltung entstehen. In der Regel werden Konflikte aufgrund von Widerstand auf der Sachebene ausgetragen. Es sind jedoch fast immer auch sozial-emotionale Anteile vorhanden, die persönliche Aspekte betreffen. Möglicherweise existiert auch kein offener, sachlicher Konflikt, aber Sie spüren im Unterschied zu sonst einen emotionalen Widerstand. Die folgende Abbildung[26] zeigt eine »Veränderungskurve«, die auf der Veränderungskurve von E. Kübler-Ross basiert und so oder so ähnlich oft zu sehen ist. Widerstand kann sich vor allem in der Phase aus Ärger und Frustration entwickeln.

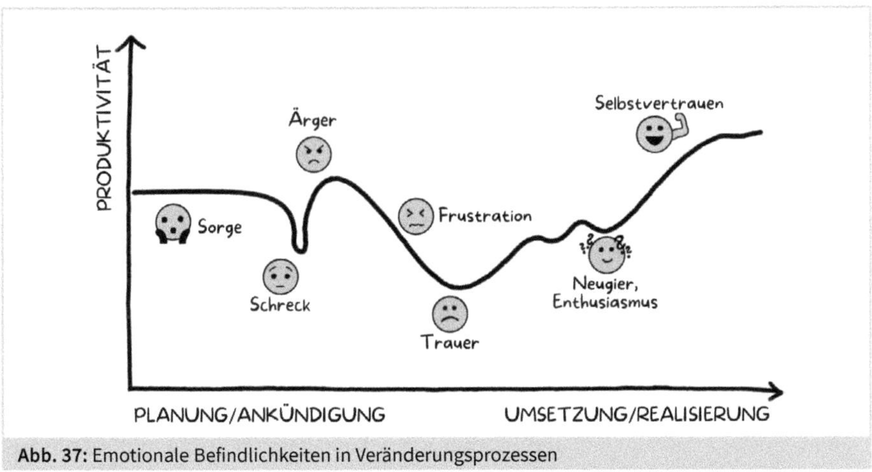

Abb. 37: Emotionale Befindlichkeiten in Veränderungsprozessen

Wenn eine wichtige Mitarbeiterin Ihres Umsetzungsprojekts sich Ihnen gegenüber sonst sehr loyal verhält, sagt sie vielleicht rational JA zu Ihrem Veränderungsvorhaben

26 Nach Kübler-Ross, E. (1986). Questions and Answers on Death and Dying by Elisabeth Kübler-Ross. Collier Paperbacks, U.S., eigene Darstellung.

und stimmt Ihnen zu: »Natürlich müssen wir diesen Weg gehen!« Sie spüren jedoch, dass etwas anders ist; dass sie eigentlich NEIN denkt und nicht überzeugt ist. Möglicherweise ist eines oder sind sogar mehrere ihrer Grundbedürfnisse verletzt, weil ihre persönliche Zukunft zu unsicher wird, weil ihr Einzelbüro, ihre bisherige Karriereoption oder auch Teile ihres Teams wegfallen.

Wenn eine Person etwas ihr sehr Wichtiges oder Erreichtes zu verlieren droht, ist nicht selten bewusster oder unbewusster Widerstand die Folge. Es kommen Gedanken wie: »So geht das doch nicht!«, »Da könnte ja jeder kommen!«, »Wir waren doch bisher sehr erfolgreich damit, warum sollen wir etwas ändern?« oder »Die werden schon noch sehen!« Je nachdem, als wie gravierend eine mögliche Veränderung für das eigene Rollen- und Selbstbild empfunden wird, kann der Widerstand durchaus massiv ausfallen. Das Unterbewusstsein des Menschen ist bestrebt, das eigene Bild nicht infrage zu stellen. Falls dies doch geschieht, kann es sogar als Bedrohung empfunden werden.

Wenn Sie bei einem Thema, das Ihnen sehr wichtig ist, Widerstände bei Ihren Mitarbeitenden spüren, versuchen Sie vermutlich in den meisten Fällen, zunächst mit Sachargumenten zu punkten. Möglicherweise probieren Sie sogar, die Sicht Ihres Gegenübers zu antizipieren und sachlich darauf einzugehen. Typischerweise reagieren wir auf das, was wir hören und was wir sehen; also darauf, was jemand sagt und tut, in irgendeiner Form. Unser emotionales Erfahrungsgedächtnis bewertet dies auf der Basis unserer Erfahrungen und beeinflusst dann wiederum entsprechend, was wir denken, sagen und tun. Je größer der Widerstand ist, den wir spüren, desto stärker sind wir emotional betroffenen und desto mehr verengen sich unser Denk- und Handlungskorridor.

Grundsätzlich gilt: Überall dort, wo sich etwas verändert, kann Widerstand entstehen; Widerstand ist so etwas wie der siamesische Zwilling von Veränderung. Für die Umsetzung von Strategien, was in der Regel das Implementieren von Veränderungen mit direkten und indirekten Auswirkungen für Mitarbeitende, Kunden und andere Stakeholder bedeutet, ist der produktive Umgang mit Widerstand daher von enormer Bedeutung. Hoher Widerstand an zentralen Stellen kann zu massivem Wirkungsverlust und damit zum Scheitern der Umsetzungsarbeit führen. Der professionelle und konstruktive Umgang insbesondere mit den Befindlichkeiten von Menschen in einer Widerstandshaltung ist daher ein wesentlicher Wirkungsfaktor. Auch hier geht es wieder darum, mehr zu verstehen und weniger zu erklären, damit angemessenes und zielorientiertes Agieren möglich wird.

Damit Sie adäquat mit Widerstand umgehen und darauf reagieren können, ist es wichtig, die Art des Widerstands zu erkennen, manchmal sogar, Widerstand überhaupt erst als solchen wahrzunehmen. Sie kennen vermutlich verschiedene Formen des Widerstands, direkte und vielleicht indirekte, mehr angreifende und vielleicht mehr zurückziehende. Einige davon sind leichter, andere schwerer zu erkennen und einzuschätzen. In der folgenden Abbildung finden Sie eine Übersicht dazu.

Abb. 38: Mögliche Ausdrucksformen von Widerstand

Am schwierigsten einzuschätzen ist indirekter Widerstand oder solcher, der sich in Rückzug ausdrückt. So deuten etwa Lustlosigkeit oder Krankheit nicht zwingend auf Widerstand hin oder werden nicht immer gleich damit in Verbindung gebracht. Typischerweise gehen Sie mit wahrgenommenem Widerstand intuitiv um. Sie haben ein Repertoire von Verhaltensoptionen, das Sie sich mit der Zeit angeeignet haben und das sich bewährt hat.

Ziel ist es in der Regel, die Widerstände aufzulösen, um das Veränderungsvorhaben, die Strategieumsetzung, zum Erfolg zu führen. Im bewussten Vordergrund steht dabei meist die sachliche Notwendigkeit. Dann beginnen Sie in der Regel mit dem Versuch, andere in ihrer Widerstandshaltung davon zu überzeugen, dass Ablehnung nicht angemessen ist, weil die angestrebten Veränderungen nun einmal notwendig sind. Manchmal lässt sich damit bereits Verständnis gewinnen. Wenn nicht, werden Sie vielleicht Zugeständnisse machen oder weitere Gespräche führen. Führt auch dies nicht zum Erfolg, könnten Sie erwägen, den Widerstand durch eine härtere Gangart zu brechen, indem Sie etwa Konsequenzen androhen oder umsetzen oder sogar eine mögliche Trennung von dem *Widerständler* in Aussicht stellen.

Es gibt eine Vielzahl von Handlungsoptionen, um mit Widerstand umzugehen. Für einen angemessenen, wirkungsvollen und vor allem zielorientierten Umgang ist ein differenziertes Vorgehen hilfreich. Ein solches können Sie mit der nächsten Übung erproben.

Übung 21: Widerstandsverhalten analysieren und nutzen (ca. 60 min)

Diese Übung zielt auf ein besseres Verständnis von Widerstandshaltungen. Sie sind eingeladen, eine Widerstandssituation aus vier verschiedenen Perspektiven zu betrachten. Zeichnen Sie zunächst in Ihr Notizbuch ein Kreuz mit vier Quadranten, einen für jede der folgenden vier Perspektiven.

1. *Welche Befindlichkeiten zeichnen Menschen in einer gravierenden Veränderungssituation aus (was fühlt und spürt jemand)?*

    Wie in Kapitel 4.2 beschrieben, geht es hier um Emotionen und die damit verbundenen Gefühle. Nach meiner Erfahrung ist es für viele Menschen gar nicht so leicht, eigene, aber auch und gerade die Gefühle anderer zu benennen. Anstehende Veränderungen könnten z. B. Wut und Angst, aber auch Freude oder Euphorie auslösen.

    Notieren Sie alle Gefühle, die jemand in Zusammenhang mit Widerstand haben könnte, z. B. Wut oder Unsicherheit.

2. *Welche Reaktionen zeigen Menschen in einer Widerstandshaltung (was sagt, tut und zeigt jemand)?*

    Hier sind wir wieder bei dem Offensichtlichen, das man sehen und hören kann. Gemeint sind die möglichen Ausdrucksformen von Widerstand, die Sie bereits aus Abbildung 38 kennen. Das, was Sie an Ihrem Gegenüber wahrnehmen können, sollten Sie sehr genau beobachten und in Ihr Bewusstsein rücken, denn es hilft Ihnen, seine Widerstandhaltung besser zu verstehen. Richten Sie Ihre Aufmerksamkeit darauf, was gesagt oder auch nicht gesagt wird, welche Körpersprache, welche Gestik und Mimik Ihr Gegenüber verwendet.

    Notieren Sie alle Reaktionen und Verhaltensweisen, die jemand in Zusammenhang mit Widerstand haben könnte, z. B. laut werden oder Trotz zeigen.

3. *Welche Motive könnten Menschen für ihren Widerstand haben (was treibt jemanden an)?*

    Der Verhandlungsexperte für Kommunikation im Grenzbereich, Matthias Schranner, hat seine Erfahrungen im Dienst der Bundespolizei bei Verhandlungen in Extremsituationen, etwa bei Geiselnahmen, gesammelt. Zu seinen Grundsätzen in schwierigen Verhandlungssituationen gehört: Nur, wenn ich das Motiv meines Gegenübers kenne, kann ich adäquat kommunizieren. Motive sind keine Ursachen, sondern Beweggründe für Verhalten, um Grundbedürfnisse zu erfüllen. Dazu gehört z. B. ein möglicher Verlust von Status oder Sicherheit.

    Notieren Sie alle Motive, die hinter einem Widerstand stecken könnten, z. B. die Angst vor Jobverlust oder Unsicherheit beim Umzug in ein Großraumbüro.

4. *Wie kann ich als Führungskraft mit Widerstand umgehen (wie reagiere ich)?*
   Erst jetzt geht es um die Frage, wie Sie dem Widerstand begegnen könnten. Hier kommt das gesamte Verhaltensrepertoire zum Tragen, das in seiner Breite und Tiefe eingesetzt werden kann: vom empathischen Zuhören bis zur kurzfristigen Trennung, vom zugewandten Beteiligen und Weiterbilden bis hin zu Ignorieren.
   Notieren Sie alle Handlungsoptionen einer Führungskraft, die Sie im Zusammenhang mit Widerstand sehen und die Ihnen einfallen, z. B. ein Klärungsgespräch oder einen Teamworkshop.

Konzentrieren Sie sich bei der Bearbeitung nacheinander auf jede einzelne Perspektive. Dabei können Sie sich am Beispiel der folgenden Abbildung orientieren, eine kurze Zusammenfassung einer Arbeitsgruppe in einem meiner Workshops dazu. Ihre Notizen müssen nicht vollständig und auch nicht strukturiert sein. Wichtig ist, dass Sie die vier Kategorien differenziert betrachten und Ihre Erfahrungen und Kenntnisse einfließen.

Abb. 39: Analyse von Widerstand aus vier Blickwinkeln

Nutzen Sie die Abbildung 39 und Ihre eigenen Notizen der Übung als mögliche Checkliste zur Vorbereitung auf Ihre nächste Vertiefung mit Widerstand. So werden Sie agiler, wirkungsvoller und souveräner mit Widerständen umgehen.

Retrospektive

- Zu welchen Ergebnissen kommen Sie in der Analyse der vier Kategorien? Können Sie die vorgestellte Liste (Abbildung 39) noch mit eigenen Beispielen ergänzen?
- Konnten Sie die vier Kategorien gut gegeneinander abgrenzen, was ist Ihnen dabei leicht- oder schwergefallen?

- Wo konnten Sie am wenigsten und wo am meisten notieren?
- Können Sie sich vorstellen, eine Widerstandsituation auf diese Weise zu analysieren und Gespräche entsprechend vorzubereiten?

Resümee

Was hat Sie bei dieser Übung überrascht oder verwundert? Was war interessant, hilfreich, was stimmt Sie nachdenklich? Notieren Sie Ihre drei wichtigsten Erkenntnisse dieser Übung!

In einem unbewussten Reiz-Reaktions-Muster agieren Sie ohne bewusstes Hinterfragen und Berücksichtigen der Motive oder der Befindlichkeiten Ihres Gegenübers. Wenn Sie sich in der Analyse einer Situation, in der Sie mit Widerständen konfrontiert sind, jedoch alle vier der genannten Perspektiven vergegenwärtigen, können Sie ein deutlich verbessertes Verständnis gewinnen und damit Ihre Handlungsoptionen gezielter auswählen. Auf diese Weise können Sie Ihr Verhalten und Ihre Kommunikation gezielter, adäquater und wirkungsvoller einsetzen. Sie agieren dann gerade nicht nach dem Reiz-Reaktions-Mechanismus, sondern ersetzen dieses Autopilot-Verhalten durch bewussteres Handeln. Damit vergrößern Sie Ihr Verhaltensrepertoire und Ihren potenziellen Wirkungsgrad. Zudem können Sie diese Form der Analyse anhand der vier Kategorien auch auf sich selbst anwenden, wenn Sie bei sich selbst einen inneren Widerstand spüren.

5 Umsetzungsmanagement: Hindernisse, Fortschritte und Wirkung

Eine erfolgreiche Strategieumsetzung kann an vielen möglichen Stolpersteinen scheitern. Aber woran genau scheitern Umsetzungsvorhaben, obwohl sie mit viel Aufwand – etwa mit großem Personaleinsatz, Geld und mit Hilfe von Reporting und einem aufwändigen Programmmanagement – umgesetzt werden? Scheinbar perfekt vorbereitet, geplant und akribisch realisiert, wird dennoch die mit der Strategieumsetzung angestrebte Wirkung verfehlt.

Meine Erfahrung ist, dass häufig die relevanten Hindernisse einer wirkungsvollen Umsetzung zu spät, falsch oder gar nicht wahrgenommen und zugleich im Reporting weniger die Wirkung, statt vielmehr mehr Output und Input betrachtet werden (genauere Definitionen dieser einzelnen Begriffe zur Unterscheidung finden Sie im folgenden Kapitel 5.1). Im agilen Kontext legt man jedoch besonderes Augenmerk auf Ergebnisse und noch mehr auf die damit erzielten Wirkungen im zeitlichen Verlauf der Umsetzungsarbeit. In diesem letzten Kapitel gehe ich daher nochmals explizit auf diese Punkte ein.

5.1 Input, Activities, Output, Outcome und Impact

Könnten Sie diese fünf Begrifflichkeiten definieren und sagen, worin sich das, was jeweils dahintersteckt, voneinander unterscheidet?

Für die ersten beiden wird Ihnen das vermutlich am ehesten gelingen. Unter *Input* werden alle Ressourcen subsummiert, die für bestimmte Aktivitäten *(Activities)* notwendig sind. Dazu zählen etwa Personal und Geld für die Weiterentwicklung eines Produktes oder die Ausarbeitung eines Produktprototyps. Der *Output* schließlich, das Ergebnis der Aktivität, wäre dann die neue Produktfunktionalität oder der Produktprototyp. Er lässt sich in der Regel gut messen, in der Realität des Umsetzungsmonitorings bleibt es häufig bei dieser Messung. Ich kenne eine Vielzahl von Umsetzungsprojekten, deren Programmmanagement lediglich mit diesen drei Größen Input – Aktivitäten – Output arbeitet.

Doch lässt sich mit ihnen bereits die in der Strategie beabsichtigte Wirkung betrachten? In der Unternehmensstrategie ist, wenn man sich ausschließlich auf Input, Output und Activities bezieht, vermutlich das Ziel der *Ausweitung des Kundensegments XY* festgehalten. In der Spezifizierung der Strategie für den Bereich Produktentwicklung ist dann so etwas wie die *Ausweitung des Kundensegments XY anhand besserer Adaption des Produktes A auf das sich verändernde Kundenproblem* als Perspektive definiert, oder auch *Ausweitung des Kundensegments XY anhand der Entwicklung eines Neuproduktes B zur Lösung eines spezifischen Kundenproblems*. Entscheidend ist: Die Ausweitung des Kundensegments durch die Lösung eines Kundenproblems aufgrund des verbesserten oder neuen Produktes wäre die *Wirkung*, nicht das verbesserte oder neue Produkt selbst! Strategieumsetzung bedeutet eben nicht nur, aktiv zu sein und Ergebnisse zu erzeugen, sondern vielmehr, damit *Wirkung* zu generieren.

Bei alleiniger Konzentration auf Input, Activities und Output wäre die Lösung des spezifischen Kundenproblems durch ein modifiziertes oder neues Produkt eine kurzfristig bis mittelfristig erzielte Wirkung, die sich vermutlich in ein bis drei Jahren einstellt. Ergebnisse dieser Art werden als *Outcome* bezeichnet. Die Ausweitung des Kundensegmentes auf Basis der Produktentwicklung und vermutlicher weiterer Maßnahmen der Strategieumsetzung, wie z. B. neue Marketing- oder Vertriebsaktivitäten, ist ebenfalls eine Wirkung. Sie hat jedoch übergreifenden Charakter und darüber hinaus auch ein mittel- bis langfristiges, d. h. ein strategisches, Profil. Diese Wirkung wird auch *Impact* genannt. Outcome und Impact sind somit die Wirkungsvariablen, anhand derer der Erfolg der Strategieumsetzung bereits während des Umsetzungsprozesses transparent werden kann. Gut nachvollziehbar wird die Differenzierung der verschiedenen Begriffe in der folgenden Grafik:

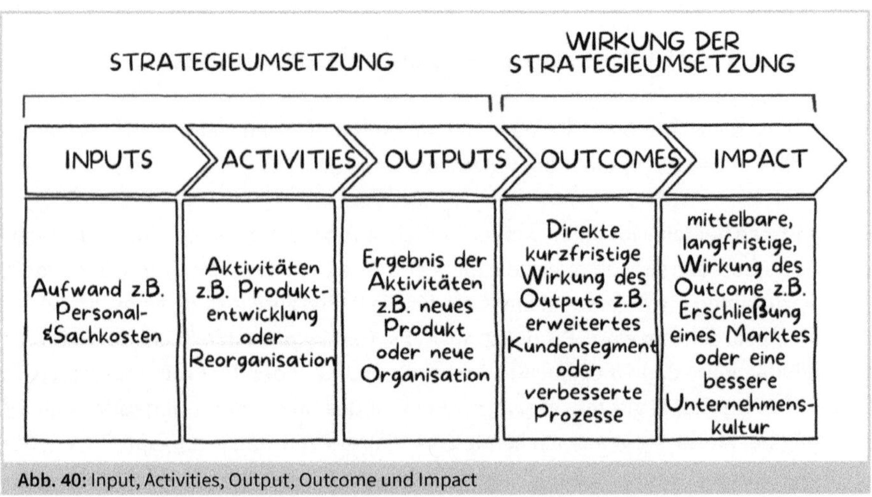

Abb. 40: Input, Activities, Output, Outcome und Impact

Durch sie lässt sich besser verstehen, weshalb Strategieumsetzungen häufig erst nach Jahren als gescheitert qualifiziert und das Scheitern auch erst dann richtig verstanden werden kann. Wenn lediglich Ressourcenverbrauch, Aktivitäten und deren Ergebnisse als Fortschrittsparameter gemessen werden, fehlt die Verbindung zur Strategie und ihrer beabsichtigten Wirkung. Die fehlgeschlagene mittel- bis langfristig geplante Ausweitung des Kundensegments wird erst nach Jahren registriert. Erst wenn auch Wirkungsvariablen wie *Outcome* und *Impact* im Zuge der Umsetzung betrachtet werden, lassen sich bereits früh im Umsetzungsprozess Unterschiede, Abweichungen oder Annäherungen zum gewünschten Zielzustand feststellen. Im Monitoring des Fortschritts sind somit nicht nur die ersten drei, sondern alle fünf Umsetzungsvariablen zu betrachten.

Die folgende Übung baut auf diesen Überlegungen auf und konkretisiert sie anhand praxisgerichteter Reflexionen.

Übung 22: Ergebnis und Wirkung (ca. 60 min)

Überlegen Sie, welche Ergebnis- und Wirkungsgrößen in Ihrem Umsetzungsprojekt besonders wichtig sind. Entscheiden Sie sich anschließend für eine dieser Größen, die Sie nachfolgend näher betrachten wollen.

Anschließend können Sie zu dieser Größe folgende Überlegungen anstellen und Notizen dazu machen:

- Wie genau beschreiben und definieren Sie diese Ergebnis- oder Wirkungsgröße?
- Für welche Konsequenzen steht diese Größe bei Erreichen oder Nicht-Erreichen in Ihrem Umsetzungsprojekt?
- Wozu möchten Sie den Fortschritt bei dieser Ergebnis- oder Wirkungsgröße transparenter machen?
  Bringen Sie die folgenden Punkte dazu in ein Ranking, bezogen auf die Wichtigkeit in Ihrem Umsetzungsprojekt. Die Größe dient dazu,
  a. um Grundlagen für weitere Analysen zu schaffen,
  b. um Anpassungen vornehmen zu können,
  c. um fundiertere Entscheidungen zu treffen,
  d. um den Projektfortschritt zu überprüfen,
  e. um Schlussfolgerungen zu ziehen und
  f. um Fortschritte und Resultate zu bewerten.
- Sind mehr interne oder mehr externe Beteiligte für die Ergebnis- und Wirkungsgröße relevant?
- Ist die Größe während des gesamten Umsetzungsprojektes oder nur in einzelnen Phasen relevant?

Retrospektive

- Können Sie die Unterschiede und Bedeutungen der fünf Begriffe Input, Activities, Output, Outcome und Impact gut nachvollziehen?
- Wo liegen die Schwerpunkte Ihres Umsetzungsreportings?
- Konnten Sie die für Sie relevanten Ergebnis- und Wirkungsgrößen gut oder weniger gut bestimmen?

- Stellen die für Sie relevanten Ergebnis- und Wirkungsgrößen einen guten Bezug zur Strategie her?
- Hätten die für Sie relevanten Ergebnis- und Wirkungsgrößen auch die gleiche Relevanz für die wichtigsten Stakeholder Ihres Umsetzungsprojektes?

Resümee
Was hat Sie bei dieser Übung überrascht oder verwundert? Was war interessant, hilfreich, was stimmt Sie nachdenklich? Notieren Sie Ihre drei wichtigsten Erkenntnisse dieser Übung!

5.2 Achtung, Stolpersteine

Die meisten Strategieumsetzungsprojekte verfehlen ihre Wirkung, d. h., sie erreichen nicht die gewünschten Zielzustände, die mit den jeweiligen Strategien angestrebt werden. Studien zufolge trifft das auf 50 bis 90 % der Strategieumsetzungsvorhaben zu.

Woran scheitern Strategieumsetzungen konkret, was sind denn nun die typischen Stolpersteine? Selten gibt es nur einen singulären Grund für das Scheitern, meist spielen mehrere Aspekte eine Rolle, was ich ebenfalls aus eigener Erfahrung bestätigen kann. Die folgende Aufzählung von möglichen Stolpersteinen, die im Rahmen einer Führungskräftebefragung der Zeitschrift *Organisationsentwicklung*[27] zusammengetragen worden ist, deckt sich weitgehend mit den Ergebnissen von weiteren Studien und Führungskräftebefragungen. Einiges davon dürfte auch Ihnen bekannt vorkommen.

Die Stolpersteine – Hindernisse erfolgreicher Strategieumsetzung

- *Fehlende Vision*
  Wenn ein klares Zielbild oder eine Zielprojektion fehlen, mangelt es in der Strategieumsetzung möglicherweise an der Antwort auf das *Wozu* und dem damit verbundenen Sinn der Organisation.
- *Unklare Ziele*
  Häufig werden Ziele entweder nur qualitativ und eher schwammig, oder aber zu konkret und detailliert beschrieben. Im ersten Fall fehlt es dann an Ausrichtung und Fokus in der Umsetzung, im zweiten Fall wäre das Umsetzungsprojekt überbestimmt.
- *Ungenaue strategische Analyse*
  Wenn bei Analysen, z. B. zu Kunden oder Technologien, nachlässig gearbeitet wird, passen möglicherweise wesentliche Elemente der Strategieumsetzung nicht mehr. Gleiches droht bei typischen Denkfehlern wie zu optimistischen Prognosen,

27 OrganisationsEntwicklung Nr. 1 |2009.

Fortschreibung der Vergangenheit oder bei Verliebtheit in ein bestimmtes Zukunftsbild.

- *Fehlende handlungsleitende Regeln oder Prinzipien*
  Strategieumsetzung benötigt neben einer Übereinkunft darüber, was getan werden soll, auch ein gemeinsames Verständnis davon, wie es getan werden soll.
- *Unrealistische Ziele*
  Das Management-Konzept der »streched Goals« sieht vor, dass Ziele generell schwer oder gar nicht erreichbar sein sollten, um eine bestmögliche Performance zu erzielen. Studien zeigen jedoch, dass eine 50%ige Wahrscheinlichkeit der Zielerreichung das größtmögliche Motivationspotenzial birgt.
- *Vernachlässigung der Konkurrenz*
  Die direkte Konkurrenz wird meist in Überlegungen zur Strategieumsetzung einbezogen. Zum Stolperstein werden oft indirekte oder nicht ernst genommene Konkurrenten. So drängten etwa Tesla oder Apple als Außenseiter in Kernmärkte angestammter Unternehmen.
- *Interessenkonflikte*
  Widersprüchliche Interessen, z. B. zwischen Vertrieb, Marketing, Entwicklung und Betrieb, können bei fehlender Klärung zu offenen oder verdeckten Konflikten und damit zu erheblichen Einschränkungen in der Umsetzung führen.
- *Organisationale Trägheit*
  Dieser Effekt bezeichnet die Schwerfälligkeit bezogen auf Veränderungen. Er tritt besonders häufig dann auf, wenn ein längerer Zeitraum erfolgreichen Handelns zurückliegt.
- *Wunschdenken und Abschotten*
  »Was nicht sein darf, kann auch nicht sein!« ist das Motto manchen strategischen Vorgehens. Unternehmen oder Führungskräfte, die hiernach agieren, werden meist sehr schnell und dann höchst unerfreulich von der Realität eingeholt.
- *Unterschätzen der Dynamik des Umfelds*
  Auch hier sind eine erfolgreiche Vergangenheit oder Wunschdenken häufig der Grund für drastische Fehleinschätzungen.
- *Kein konsequentes Betrachten von Ergebnissen und Wirkungen*
  Hierbei geht es weniger um rigides Projektcontrolling, sondern um das ernsthafte Anliegen der Beteiligten, Fortschritte in der Umsetzung sichtbar zu machen und dazu ggf. auch Ziele und Messgrößen im Prozess zu modifizieren.
- *Kaum oder unangemessene Kommunikation*
  Kommunikation ist nicht nur das, was gesagt und wie es gesagt wird. Entscheidend ist auch das Verhalten der Kommunizierenden. Der häufigste Fehler ist es, Quantität mit Qualität zu verwechseln.
- *Keine Identifikation mit der Strategie*
  Stehen die Verantwortlichen, die Beteiligten und Sie selbst hinter der umzusetzenden Strategie? Ein rationales Commitment dazu reicht nicht; es muss emotional sein, damit Erfolg möglich ist.

- *Zu wenig Top-Management im direkten Einsatz*
  Mehrere Strategieworkshops des Vorstands absolviert und dann die Ergebnisse und neuen Vorgaben einfach an die Organisation weiterdelegiert? Wenn das Top-Management nicht regelmäßig seine Aufmerksamkeit auf die Umsetzung lenkt, werden die Beteiligten – mit den entsprechenden Auswirkungen – den Eindruck haben, dass ihre Arbeit weder wertgeschätzt noch ernst genommen wird.
- *Fehlende Rückmeldeschleifen*
  Ein wichtiges Element erfolgreicher Strategieumsetzung sind retrospektive Betrachtungen und bewusstes Lernen aus vergangenen Aktivitäten. Deren Fehlen, etwa durch starre Planungen, führt gerade in komplex-dynamischen Konstellationen häufig zum Scheitern.
- *Mangelndes flankierendes Changemanagement*
  Strategieumsetzung ist Linien- oder Projekt- und immer auch Veränderungsarbeit. Wenn neben den Hard Facts nicht auch die menschlichen Facetten, die mit der Veränderung einhergehen, in der Umsetzung berücksichtigt werden, ist das Risiko des Scheiterns deutlich höher. Gemeint sind Ausdrucksweisen emotionaler Betroffenheit wie Euphorie oder Widerstand.

Übung 23: Umgang mit Stolpersteinen (ca. 90 min)

Mit dieser Übung lade ich Sie zu einer gründlichen Problemanalyse ein. Überlegen Sie, welche drei der soeben aufgezählten Stolpersteine aus Ihrer Sicht in Ihrem Unternehmenskontext besonders relevant sind und Ihre Umsetzungsarbeit gefährden. Welche sind Ihre Top-Probleme bei der Strategieumsetzung?

Über die folgenden Fragen, die Ihnen im ersten Moment vielleicht ungewöhnlich erscheinen, können Sie die Umsetzungsprobleme aus verschiedenen Perspektiven betrachten. Wichtig ist: Beantworten Sie die Fragen nicht reflexhaft und lassen Sie keine Frage aus. Überlegen Sie bei Bedarf länger und notieren Sie Ihre Antworten.

1. Wie genau definieren Sie Ihren Stolperstein, Ihr Umsetzungsproblem? Beschreiben Sie es in einem Satz.
2. Sehen auch Ihre Stakeholder, Kunden, Mitarbeitenden, Ihre Chefin und Ihre Kollegen dieses Problem? Wenn ja, würden diese es genauso beschreiben wie Sie? Wo würden deren Beschreibungen von Ihrer abweichen?
3. Wer aus der Gruppe der Stakeholder hat den größten Einfluss auf das Problem? Wer genau und wie genau?
4. Wer außerhalb Ihrer Stakeholder-Gruppe hat darüber hinaus großen Einfluss auf das Problem? Wer genau und wie genau?
5. Wird sich das Problem, wenn alles weiter so läuft, verschlimmern, gleich bleiben oder vielleicht verschwinden? Wann und warum?

6. Wer ist am meisten von dem Problem betroffen? Sehen das die anderen Stakeholder auch so? Wenn nein, warum?
7. Wer könnte an der Aufrechterhaltung des Problems interessiert sein? Sehen das die anderen Stakeholder auch so? Wenn nein, warum?
8. Wenn das Problem möglicherweise die Lösung für ein anderes Problem hinter dem Problem ist: Welches könnte das sein?
9. Wie könnten Lösungen für das Problem aussehen? Sehen das die anderen Stakeholder auch so? Wenn nein, warum?
10. Wie könnte ein erster – Ihr erster – kleiner Schritt zur Lösung des Problems aussehen? Was genau tun Sie dafür?
11. Welche Unterstützung sollten Sie ggf. dafür organisieren?
12. Wie stellen Sie sicher, dass Sie während der Lösung nicht wieder in das alte »Problemmuster« verfallen?

Retrospektive

- Konnten Sie alle Fragen gut beantworten? Wenn nein, welche nicht?
- Könnten Sie zunächst noch unbeantwortete Fragen nach einer gewissen Zeit leichter beantworten?
- Was hat Ihnen bei Ihren Überlegungen zur Beantwortung der Fragen geholfen, Ihren Stolperstein oder Ihre Stolpersteine besser zu verstehen?
- Können Sie sich vorstellen, mit dieser Fragetechnik auch an andere Problemstellungen heranzugehen?

Resümee

Was hat Sie bei dieser Übung überrascht oder verwundert, was war interessant, hilfreich, was stimmt nachdenklich? Notieren Sie Ihre drei wichtigsten Erkenntnisse dieser Übung!

5.3 Umsetzungsmonitoring: Ergebnisse und Wirkungen sichtbar machen

Die Ergebnisse und die Wirkung der Strategieumsetzung sollten regelmäßig auf den gewünschten Zustand hin überprüft und transparent gemacht werden. Hier zeigt sich der Vorteil einer agilen Strategieumsetzung gegenüber den bisherigen klassischen Verfahrensweisen.

Klassische strategische Zielsysteme und Kennzahlen basieren auf dem Konstrukt einer Jahresplanung. Diese beginnt meist mit einer Budgetierungsphase. In aufwendiger Feinabstimmung, die durchaus auch von Schieben und Schachern begleitet sein kann, werden unternehmensweite Zielvorgaben für das kommende Geschäftsjahr erstellt und dann auf Quartale, Monate, Bereiche, Teams und Einzelpersonen verteilt. Ich habe oft erlebt, dass die Organisation während dieser Budgetierungsphase durchaus in eine gewisse *Handlungsstarre* verfällt, da alle auf die Ergebnisse des Prozesses warten. Anschließend werden Projektfortschritt-Reports im Rahmen eines Programmmanagements für die Strategieumsetzung erstellt. Vereinbarte Input-Output-Größen zu einzelnen Teilprojekten werden dann regelmäßig auf die Zielerreichung hin überprüft und beispielsweise mit einem Ampelsystem und einem Dashboard hinterlegt. Das alles kann in einem bestimmten Kontext durchaus sinnvoll sein. Wenn es sich jedoch um Umsetzungsarbeit in dynamisch-komplexen Systemen handelt, geraten diese traditionellen, nach dem linearen Planungsprinzip funktionierenden Methoden an ihre Grenzen.

In einem agilen Scrum-Framework werden daher beispielsweise konkrete Wirkungsziele (Outcome) mit einem sehr kurzen Zeithorizont von ca. 2 bis 4 Wochen gesetzt und nachverfolgt. Für eine Organisation, deren Prozesse nicht durchgehend nach diesem Framework strukturiert sind, kann dieser Turnus der Nachverfolgung in der Umsetzung durchaus sehr schwierig und aufwändig sein. Bei größeren Vorhaben stellt sich zudem die Frage nach der Vernetzung der Ergebnis- und Wirkungsziele, um die Konsistenz der einzelnen Aktivitäten bezogen auf die Strategie sicherzustellen.

Ein Ansatz, der erstmals bei Intel bereits in den 1970er Jahren eingeführt wurde und in jüngerer Zeit eine Renaissance im agilen Kontext erlebt, ist das *Objectives and Key Results* (OKR)-Vorgehen. Genau wie Scrum ist OKR ein Framework. Die Vorteile dieses Performance-Management-Ansatzes liegen in der organisationsübergreifenden, kollaborativen Entwicklung eines Zielverständnisses. OKR ermöglicht handlungsleitende Transparenz, den Austausch und die Vernetzung im Hinblick auf die Aktivitäten sowie eine hohe Adaptionsfähigkeit durch die rollierende Überarbeitung etwa alle drei Monate. Dazu werden strategische Leitlinien miteinander sowie die Strategie mit der Strategieumsetzung und dem operativen Tagesgeschäft verbunden. Dies geschieht, je nach Organisation, auf Unternehmens-, Team- oder Mitarbeiterebene. OKR muss nicht zwingend in der gesamten Organisation eingeführt sein. Wenn in Ihrem Unternehmen etwa nach dem Balanced-Scorecard-Modell gearbeitet wird, können Sie dennoch in Ihrem Verantwortungsbereich und in Ihren Projekten die OKR-Methode verwenden.

Objectives und Key Results bedienen zwei Ebenen. Die Objectives stehen nicht für klassische und messbare Ziele, sondern für Zielbilder in der Zukunft, die den Impact der Strategie und der strategischen Ziele beschreiben. Es handelt sich nicht um Überschriften oder Themen, sondern um die Beschreibung einer möglichen Zukunftssituation. Ein Objective für eine Verantwortliche eines Produktbereichs könnte beispielsweise lauten: »Unser neues Produkt XY ist in unserem gesamten Kundenstamm bekannt und sehr präsent.« Für den Mitarbeiter und Kundensegment-Manager könnte das Objective dann lauten: »Die Kunden meines Segments interessieren sich für mögliche Lösungen durch unser neues Produkt XY.« Objectives beschreiben also eine Zielsituation in einem überschaubaren Zeitraum von einigen Jahren, sie geben eine inspirierende Stoßrichtung und Handlungsleitlinie vor.

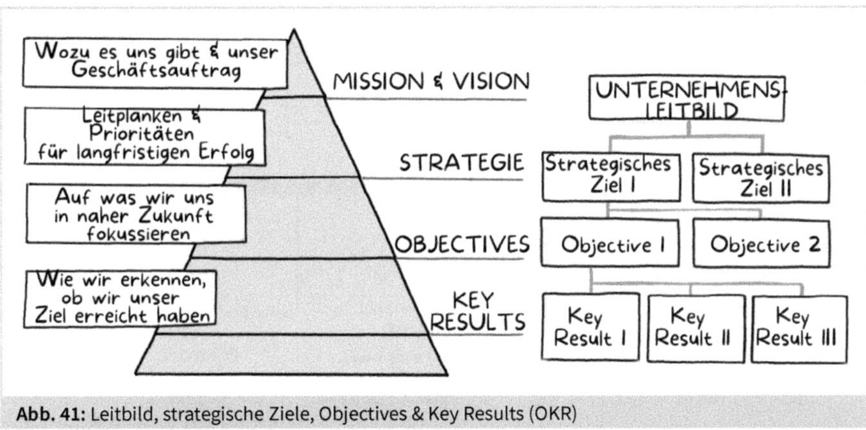

Abb. 41: Leitbild, strategische Ziele, Objectives & Key Results (OKR)

Die *Key Results* wiederum bestehen aus messbaren und konkreten Ergebnissen (Output), besser noch einer Wirkung *(Outcome)*; aus Meilensteinen also, um sich den Objectives anzunähern. Sie sorgen für Fokus und Resultate, die den Fortschritt sichtbar machen. Jedem Objective können zwei bis fünf Key Results zugeordnet werden.

In der Praxis verwechselt man häufig Aufgaben oder Aktionen (Activities) mit Ergebnissen (Output) und Wirkung (Outcome). Es geht eben nicht darum, bestimmte Dinge gemacht, sondern bestimmte Ergebnisse erzielt bzw. Wirkungen erreicht zu haben. Für das Objective des Kundensegment-Managers aus dem eben genannten Beispiel könnten beispielsweise folgende zwei Key Results entwickelt werden: »Aus Gesprächen mit den acht wichtigsten meiner fünfundzwanzig Kunden sind die Vorteile unseres neuen Produkts XY für ihr Geschäftsmodell bestimmt und beschrieben, außerdem ist ein Show-Case mit einem Kunden für das neue Produkt vereinbart und initiiert.«

Die Abstimmung der OKR erfolgt vertikal und horizontal mit den wichtigsten betroffenen Stakeholdern und deren OKR in einem rollierenden quartalsweisen Prozess. Innerhalb der Teams werden kurze wöchentliche OKR-Retrospektiven (»Was lief in der letzten Woche gut oder weniger gut? Was wollen wir ändern?«) und Plannings (»Was tun wir in der kommenden Woche, um unseren Key Results näher zu kommen?«) durchgeführt. Die vereinbarten OKR für ein Quartal gelten als unveränderbar und sind für alle Beteiligten transparent und zugänglich. Ein Zielerreichungsgrad von 0,5 bis 0,8 gilt als gut, ein höherer Wert als zu wenig ambitioniert, ein Zielerreichungsgrad von weniger als 0,3 dagegen als zu stark ambitioniert. Letzterer wird nicht sanktioniert, sondern als Lerngelegenheit eingeschätzt. Das quartalsweise Reflektieren der erzielten Ergebnisse und das Aushandeln neuer OKRs sind mit den wichtigsten Beteiligten abzustimmen. Zugleich ist es jedoch nicht in Stein gemeißelt, sondern Teil eines permanenten Lern- und Entwicklungsprozesses (siehe hierzu auch folgende Abbildung 42[28]).

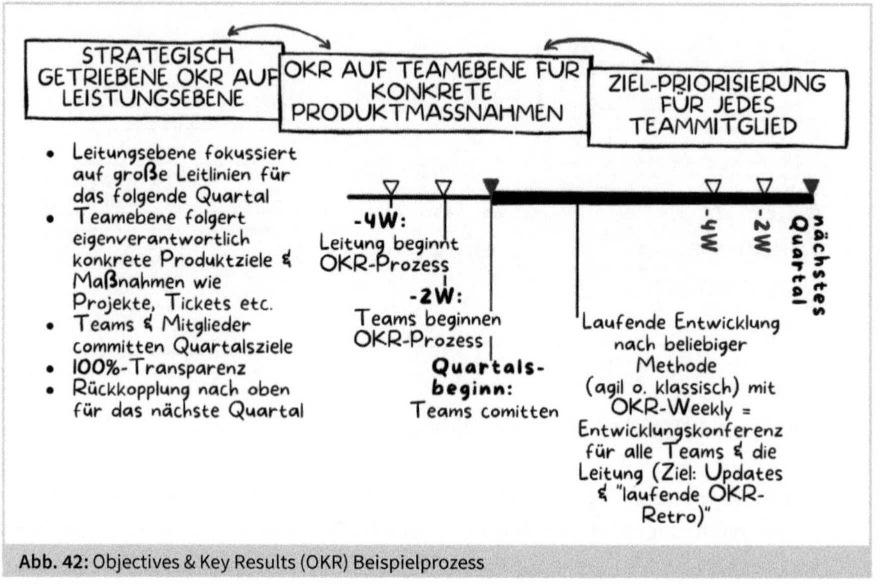

Abb. 42: Objectives & Key Results (OKR) Beispielprozess

Ein weiterer wichtiger Punkt, der Sie möglicherweise verwundern wird: OKRs werden *nie* mit monetären oder anderen materiellen Anreizen verbunden. Dahinter steckt die Erfahrung, dass, sobald die Zielerreichung mit einem Bonus verbunden ist, der Bonus selbst das Ziel wird. Dann werden häufig Dinge getan, die die Ziele anderer konterkarieren und dem Erfolg des großen Ganzen entgegenwirken.

Wie bereits beschrieben, können Sie die Umsetzung in einzelnen Teilbereichen, z. B. für strategische Umsetzungsprojekte, in der Linie im eigenen Verantwortungsbereich, organisatorisch übergreifend in Unternehmensbereichen oder ganzen Unternehmen einführen. Solange Sie sich an die beschriebenen Grundsätze des OKR-Vorgehens halten, ist die Ausgestaltung variabel und sollte sich an der vorherrschenden Kultur orientieren.

Die Umstellung von einem klassischen Reporting zu einem auf OKR basierenden Performance Management ist gut, aber nicht *mal eben* machbar. Die meisten Unternehmen berichten nach der Einführung jedoch über sehr positive Erfahrungen mit OKR. Neben einer besseren und wirkungsvolleren Steuerungs- und Zielfunktion wird vor

28 https://devspiegel.medium.com/okr-teams-kollaboration-wie-wir-unsere-produkte-weiterentwickeln-1190ac3fc055, eigene Darstellung.

allem der positive Effekt der Entwicklung einer agileren Kultur und Zusammenarbeit betont. In der Praxis ist bei der Einführung von OKR Folgendes zu beachten:

- *Ambitionierte Key Results*: Für viele mag es unbehaglich klingen, aber wenn Sie nur die Hälfte Ihrer Ziele erreichen, sind Sie im Sinne von OKR gut, wenn Sie zwei Drittel erreichen, sogar sehr gut. Wenn Sie alle erreichen, waren Sie jedoch nicht ambitioniert genug.
- *Transparenz und Struktur*: Bei der Einführung und der Diskussion im Team werden Sie merken, dass OKR hilft, Ihre Arbeiten besser, klarer und fokussierter zu strukturieren. Zudem erhalten Sie höhere Transparenz über alles, was erreicht wird bzw. was an Leistungen erbracht wird, die vielleicht gar keine Wirkung erzielen.
- *Fokus und Priorisierung:* Durch die kaskadische Ausrichtung auf die erwünschte strategische Wirkung fällt es leichter, zu priorisieren und auch übergreifend, nicht nur als Einzelner oder als Team, fokussiert zu arbeiten.
- *Delegation:* Die hohe Ambition bei den Zielen führt zwangsläufig dazu, nicht alles selbst zu machen. Aufgaben werden untereinander so delegiert, dass eine bessere Auslastung im Team und der Organisation möglich ist.
- *Kulturprägend*: Die Ausrichtung auf langfristige strategische Wirkungen, das Vernetzen, die Transparenz, der Fokus, die Priorisierung und die flexible Aufgabenverteilung führen mit der Zeit zu einer grundlegenden Veränderung und einer agileren Kultur.

Übung 24: Überlegungen zur Einführung von Objectives and Key Results (ca. 60 min)

Bevor Sie sich für eine Einführung von Objectives and Key Results entscheiden, sollten Sie sich selbst bestimmte Fragen beantworten, um Ihren Kontext und Ihre Motivation zu überprüfen.

1. Was würden Ihnen Ihre Kunden zur Umsetzung von OKR raten?
2. Wenn Sie die OKR in Ihrem Verantwortungsbereich einführen, wären dann grundlegende Probleme im Hinblick auf die Ergebnis- und Wirkungsmessung lösbar?
3. Woran würden Ihre Kunden, Ihre Chefin, Ihre Mitarbeitenden, oder auch – wenn diese sprechen könnten – Ihr Unternehmen, Ihr Büro oder Ihr Online-Meeting-System erkennen, dass Sie OKR erfolgreich eingeführt haben?
4. Wenn Sie, ohne etwas am aktuellen Zustand zu ändern, einfach weitermachen, wenn Sie etwa nicht OKR einführen, welche Auswirkung hätte das konkret in zwölf Monaten?
5. Angenommen, Sie entscheiden sich, OKR in Ihrem Verantwortungsbereich einzuführen: Was würden Sie als Erstes tun? Und was dürften Sie keinesfalls tun?

6. Wären Sie grundsätzlich bereit, OKR mit all den dazugehörigen Konsequenzen einzuführen, also mit
   a. Ihrem uneingeschränkten Commitment zu den OKR-Grundsätzen?
   b. einer hohen Eigenverantwortung der Beteiligten?
   c. der vollen Transparenz aller anspruchsvollen Ziele?
   d. einem Top-Down-Bottom-Up-Prozess für die Objectives?
   e. einem ausschließlichen Bottom-Up-Prozess für die Key Results?

Retrospektive

- Zu welchem Schluss kommen Sie, wenn Sie sich Ihre Antworten auf die Fragen anschauen?
- Könnten Sie sich ein Commitment zur Einführung von OKR vorstellen?
- Welchen Vorteil hätte es, wenn Sie mit dem bisherigen Umsetzungsmonitoring weitermachen?
- Was wäre noch notwendig und welche Unterstützung benötigen Sie, damit Sie OKR einführen können?
- Was ist noch notwendig, um zu einer verbindlichen Entscheidung zur Einführung von OKR zu kommen? Mit wem müssten Sie dazu sprechen?
- Was ist Ihr nächster Schritt, um in der Frage eines wirkungsvollen Performance Managements für Ihre Arbeit weiterzukommen?

Resümee

Was hat Sie bei dieser Übung überrascht oder verwundert, was war interessant, hilfreich, was stimmt nachdenklich? Notieren Sie Ihre drei wichtigsten Erkenntnisse dieser Übung!

6 Check-out

Nun sind Sie am Ende des Buches angelangt. Haben Sie alle Kapitel oder nur eine Auswahl gelesen? Haben Sie mit dem Buch gearbeitet und die Übungen absolviert? Konnten Sie sich, Ihre berufliche Situation und Ihre Herausforderungen wiederfinden?

Wenn Sie sich mit den einzelnen Kapiteln beschäftigt und damit gearbeitet haben, dürfte Ihnen der Rahmen für strategisches Handeln klarer geworden sein. Sie wissen nun, was gute Strategien und deren Umsetzung gestern bedeutet haben, was sie heute bedeuten und zukünftig bedeuten werden. Sie haben eine Vorstellung davon entwickelt, welchen Mehrwert agiles Vorgehen in der Strategieumsetzung bieten kann. Dass Selbstmanagement eine große Rolle dabei spielt, ahnten Sie vermutlich bereits vor der Lektüre dieses Buches. Was das jedoch konkret heißt, bezogen auf Ihr Mindset, Ihren Führungsstil und Ihren Umgang mit Komplexität, Kommunikation und Netzwerken, ist Ihnen nun klarer. Zugleich, dass Empathie, Wertschätzung, Motivation und Emotionen wichtige Stellgrößen für erfolgreiches und agiles Arbeiten sind. Schließlich haben Sie vielleicht nochmals einige Impulse erhalten, wie Sie Ihr wirkungsvolles Agieren und die Wirkung der agilen Umsetzung im Monitoring besser ausgestalten können.

Gab es etwas, das Sie überrascht hat, das Sie spannend oder besonders interessant fanden? Etwas, das Sie nachdenklich gemacht hat? Nehmen Sie noch einmal Ihre Notizen zur Hand, blättern Sie sie durch, schauen Sie darüber und markieren sich wichtige Punkte, direkte oder indirekte Anregungen.

Auch wenn Ihnen die Punkte, Aspekte und Verhaltensweisen, bei denen Sie in Zukunft etwas anders machen könnten oder dies sogar konkret beabsichtigen, jetzt eher klein und unwesentlich erscheinen: Probieren Sie es aus, machen Sie kleine Schritte und schauen Sie nach jedem Schritt, was sich ändert. Passen Sie dann Ihren nächsten Schritt entsprechend an. Experimentieren und lernen Sie! Wagen Sie, eigene, bisherige Erfolgs- und Handlungsmuster infrage zu stellen und Neues auszuprobieren.

Im Folgenden lade ich Sie abschließend zu einer kleinen Gedankenreise ein. Suchen Sie sich einen gemütlichen Platz, lehnen Sie sich zurück und gehen Sie gemeinsam mit mir gedanklich auf die Reise:

Übung 25: Gedankenreise

Stellen Sie sich vor, Sie treffen am kommenden Wochenende beim Einkaufen zufällig Ihre beste Freundin, die in einer ähnlichen Führungsposition tätig ist wie Sie selbst. Sie haben sich beide längere Zeit nicht gesehen und beschließen spontan, gemeinsam einen Kaffee zu trinken. Im Café erzählen Sie sich gegenseitig einige Neuigkei-

ten. Dabei berichten Sie, weil Sie wissen, dass Ihre Freundin gerade vor ähnlichen beruflichen Herausforderungen steht wie Sie, motiviert von der Lektüre dieses Buches. Sie erzählen begeistert, was Sie inspiriert hat, was Sie sich vorgenommen haben, bereits in den nächsten drei Tagen konkret anzugehen, was Sie fortführen und wo Sie in drei Monaten stehen wollen.

Ihre Freundin ist skeptisch und fragt nach, wie genau Sie das umsetzen wollen und welche Schwierigkeiten dabei vermutlich auftreten werden. Sie beschreiben detaillierter, wie Sie vorgehen, den Schwierigkeiten, mit denen zu rechnen ist, begegnen wollen und wie Sie dafür sorgen, dass Sie nicht, was Ihnen bisher häufiger passiert ist, in alte Verhaltensweisen zurückfallen. Ihre Freundin bleibt skeptisch, wünscht Ihnen dennoch viel Erfolg bei der Umsetzung Ihres Vorhabens. Sie unterhalten sich noch etwas über tagesaktuelle Ereignisse und verabschieden sich schließlich.

Denken Sie nun drei Monate weiter nach vorn, Sie haben Ihre Themen bearbeitet und einige Neuerungen umgesetzt, die Zeit ist wie im Flug vergangen. Es war schwierig, Sie haben nicht alles geschafft, konnten aber immerhin 80 % dessen, was Sie sich nach der Lektüre dieses Buches vorgenommen hatten, erfolgreich umsetzen. Einige Dinge in Ihrem Arbeitsumfeld haben sich merklich zum Positiven verändert, was auch Rückmeldungen von Kunden, Mitarbeitenden und Ihrer Chefin bestätigen.

Es ist wieder Samstag, seit dem letzten zufälligen Treffen mit Ihrer Freundin sind etwa drei Monate vergangen. Nun treffen Sie sich erneut zufällig beim Einkaufen und beschließen auch diesmal, spontan einen Kaffee miteinander zu trinken. Nach einem kurzen Smalltalk spricht Ihre Freundin Sie auf Ihr letztes Gespräch und Ihr damals geschildertes Vorhaben an. Sie beschreiben, was Sie geschafft und umgesetzt haben. Ihr Gegenüber hakt nach. Sie schildern die Schwierigkeiten, mit denen Sie konfrontiert waren und wie Sie es geschafft haben, damit konstruktiv und vor allem wirkungsvoll so umzugehen, dass Sie trotzdem weitergekommen sind.

Ihre Freundin ist sichtlich beeindruckt. Sie gesteht, dass sie damals nicht damit gerechnet hätte, dass Sie so weit kommen und vor allem, dass Sie so konsequent drangeblieben sind. Sie verabschieden sich beide herzlich mit dem Versprechen auf ein baldiges Wiedersehen und wünschen einander ein schönes Wochenende.

An diesem Samstagabend hat Ihre Freundin eine Verabredung, die jedoch kurzfristig abgesagt wird. Ihr geht das Gespräch mit Ihnen am Vormittag nicht aus dem Kopf. Je mehr sie darüber nachdenkt, desto beeindruckter ist sie von Ihrem Vorgehen und den Ergebnissen, die Sie in den letzten drei Monaten erzielen konnten. Sie beschließt daher kurzerhand, Ihnen eine E-Mail zu schreiben. Darin gibt sie noch einmal wieder, was Sie ihr geschildert haben, geht darauf ein, was Sie erreichen konnten und wie Sie die Schwierigkeiten bewältigt haben. Sie schreibt Ihnen, wie begeistert und vor allem beeindruckt sie von Ihrem Vorgehen ist und drückt, als Ihre beste Freundin, ihren großen Respekt für Ihre Arbeit aus.

Kehren Sie nun auf Ihrer Gedankenreise ein kleines Stück in die Realität zurück.

Stellen Sie sich vor: Sie sind Ihre beste Freundin, drei Monate nachdem Sie dieses Buch gelesen und Ihre Ideen daraus umgesetzt haben. Setzen Sie sich nun vor Ihren Computer, rufen Sie die Notizfunktion auf und schreiben den eben beschriebenen Brief als Ihre beste Freundin an sich selbst in die geöffnete Notiz. Gehen Sie dabei explizit auf Ihr Vorgehen ein; auf das, was Sie in den drei Monaten, die fiktiv in der Vergangenheit und real in der allernächsten Zukunft liegen, erreicht haben und wie Sie mit Hindernissen umgegangen sind. Drücken Sie, aus der Sicht Ihrer besten Freundin, gegenüber sich selbst Ihre freundschaftliche und echte Wertschätzung für Ihren Erfolg und für Ihre Person aus.

Speichern Sie nun die Notiz ab und versehen Sie sie mit einer Erinnerungsfunktion in drei Monaten. Schließen Sie die Notiz. Fertig!

Wenn Sie diese Gedankenreise als Übung durchführen, werden Sie von der Wirkung in den nächsten drei Monaten überrascht sein. Sie überlisten Ihr Gehirn mit einer Technik des Mentaltrainings, die auch im Leistungssport und anderen Hochleistungsfeldern angewandt wird.

- Sie überlegen und beschreiben einer Vertrauensperson, was Sie angehen wollen und werden. Auf diese Weise schaffen Sie Verbindlichkeit, konkretisieren und verbalisieren Ihr Vorhaben.
- Sie versetzen sich in die Zukunft und schauen auf das zurück, was Sie geschafft haben. Sie schauen vor allem auch darauf, wie Sie mit erwarteten Schwierigkeiten umgegangen sind. Sie verbildlichen Ihr erfolgreiches Vorhaben kognitiv und emotional.
- Sie verbalisieren aus der Beobachterperspektive und der Zukunft blickend Ihr gelungenes Vorgehen aus der Sicht eines wertschätzend-ehrlichen, Ihnen nahestehenden Menschen.

Damit haben Sie mehrmals die Perspektiven, sowohl zeitlich als auch räumlich, gewechselt. Sie schlüpfen von der handelnden in die wertschätzend-beobachtende Rolle, betrachten rückblickend Ihr erfolgreiches Vorgehen und verschriftlichen es. Sie verankern so Ihr Vorhaben mehrmals auf unterschiedlichen Ebenen in Ihrem Unterbewusstsein. Wenn die Erinnerungsfunktion in drei Monaten auftaucht, werden Sie mit überraschenden Erkenntnissen belohnt.

7 Nachwort

Was uns alle bewegt

Dieses Buch ist in einem Jahr entstanden, das wir sicher nicht vergessen werden: 2020, das Jahr der Covid-19-Pandemie. Der erste Lockdown im Frühjahr hat mich genauso unerwartet getroffen wie die meisten. Der Ausfall von Präsenzterminen, die Umstellung von Beratung, Workshops und Coaching auf Online-Formate und die mit Stornierungen verbundene geschäftliche Unsicherheit, vor allem aber zunichte gemachte Gewissheiten, Verwirrung und Ratlosigkeit prägten in diesen ersten Wochen meinen Alltag, mein Denken und meine Gefühlslage.

Nach einer kurzen Schockstarre entschloss ich mich jedoch, die gewonnene Zeit für Dinge zu nutzen, die mir schon länger am Herzen lagen: allem voran dafür, dieses Buch zu schreiben. Im Grunde gab es keinen besseren Zeitpunkt, denn die Krise hat genau die Themen und Fragestellungen auf die gesellschaftliche Agenda gezwungen, um die es in diesem Buch geht: das Navigieren in einer unsicheren, dynamischen und komplexen Umwelt. In ihr – wie in jeder Krise – zeigte sich außerdem, wie resilient und robust Organisationen und Geschäftsmodelle, aber auch Gesellschaften und letztlich jeder Einzelne von uns ist.

Angesichts dieser Herausforderungen wurde und wird Agilität von jeglicher Romantik oder Folklore entzaubert. In der existenzbedrohenden Krise ist sie von einem allgegenwärtigen Mode-Schlagwort für viele zum Überlebenskonzept geworden, *Fake-Agile* wird entlarvt. Das Streben nach Perfektion muss pragmatischem Handeln weichen, systematische und akribische Planung, die *Planungsillusion*, wird durch Ausprobieren ersetzt, im Homeoffice oder in angepassten Geschäftsmodellen erleben viele ihren Arbeitsalltag als *Learning-by-Doing-Digitalisierungs-Schnellkurs*. Zugleich führt ein dezentraler *Remote-Modus* in Führung und Organisation zum faktischen Verlust von Kontrolle, bisher Ungewohntes und vermeintlich Unmögliches wird zum doch ganz gut funktionierenden Standard und *New Normal*. Uns allen ist inzwischen klar, wie eng Wissen und Nicht-Wissen miteinander verknüpft sind und wie verletzlich uns Unsicherheit macht. In der Krise leben wir mit dem schwer auszuhaltenden Grundgefühl: Wir wissen einfach nicht, was kommen wird.

Noch mehr Unstetigkeit, Unsicherheit, Komplexität und Mehrdeutigkeit

Die Covid-19-Pandemie zeigt mit geradezu brutaler Härte nicht nur die Grenzen klassischer Strategieentwicklung und -umsetzung, sondern ganz besonders auch die damit verbundene Illusion, dass Zukunft prognostizier- und detailliert planbar sei. Wir haben den Eindruck, völlig überrannt worden zu sein. Dabei gab es – rückblickend weiß man es ja bekanntlich immer besser – durchaus Signale: Der renommierte Medizinprofessor Hans Rosling warnte in seinem internationalen Bestseller *»Factfulness: Wie wir ler-*

nen, die Welt so zu sehen, wie sie wirklich ist« bereits im Jahr 2018 vor einer weltweiten Pandemie als eine der größten Risiken der näheren Zukunft. An der Aussage einiger Management-Gurus, dass die künftig wichtigsten strategischen Schlüsselkompetenzen *Adaptions- und Anpassungsfähigkeit* sein werden, besteht angesichts der Realität der Krise nun kein Zweifel mehr.

Die im dritten Kapitel dieses Buches beschriebene *Neue Welt* ist nicht nur die einer digitalen Transformation, die uns verschiedene paradigmatische Brüche aufbürdet. Ebenso geformt wird diese Welt durch Naturereignisse und weitere Krisen globalen Ausmaßes, die sich, wie wir gesehen haben, drastisch auf Märkte wie auf Organisationen auswirken. Agiles Vorgehen und vor allem die damit verbundenen Werte und Prinzipien sind gerade für Strategie und deren Umsetzung eine wichtige Voraussetzung, um mit der zunehmenden Dynamik und Komplexität umgehen zu können.

Passen Sie an, was Sie selbst gestalten können: Ihr Denken und Verhalten

Im Umgang mit Dynamik und Komplexität wird deutlich, dass es zwar auch, aber deutlich weniger um agile Tools geht. Weit mehr im Vordergrund muss eine agile Haltung, ein agiles Mindset stehen, mit dem eine bestimmte Weltsicht verbunden ist.

Damit wären wir wieder bei Ihnen als Führungskraft. Sie sind in einem Unternehmen, einer Organisation, einem Kontext verortet und befinden sich dort in ständiger Interaktion mit Ihrem Stakeholder-Netzwerk. Sie verhalten sich zu anderen und andere verhalten sich zu Ihnen; Sie erleben die anderen und die anderen erleben Sie. Das ist Ihr persönlicher Gestaltungsspielraum für Agilität im Allgemeinen und für agile Strategieumsetzung im Besonderen, den vor allem Ihr Mindset, *Ihr* Blick auf die Welt prägt. Mit diesem ist es wie mit dem Blick auf das Wetter: An sich ist beides weder gut noch schlecht; es kommt allein darauf an, wie Sie sich darauf vorbereitet haben und wie Sie sich dazu verhalten.

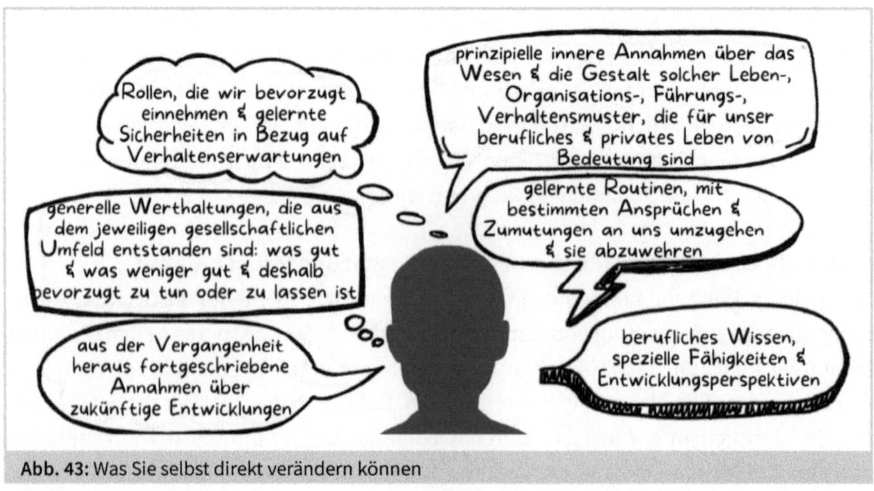

Abb. 43: Was Sie selbst direkt verändern können

Die im vierten Kapitel beschriebenen Aspekte des Selbstmanagements greifen diese Punkte auf. Sie helfen Ihnen dabei, sich selbst zu beobachten und zu überprüfen, was Sie tun, wie Sie es tun und wozu Sie etwas tun. Wenn Sie einmal ein bestimmtes, vielleicht nicht unbedingt erwünschtes Verhalten bei sich selbst bewusst beobachten, werden Sie das Gleiche nicht wieder tun, ohne alarmiert zu sein. Von diesem Punkt aus können Sie Ihr Verhalten verändern, wie Sie es wünschen. Dabei ist es besonders wichtig, dass Sie mögliche Zusammenhänge im Hinblick auf rationale Erklärungsansätze und emotionale Empfindungen erkennen und verstehen. Gerade in der aktuellen Krisensituation wird besonders deutlich, dass Menschen eben nicht nach der Schablone des Homo oeconomicus *funktionieren*, sondern dass in ihrem Denken und Handeln Emotionen und Rationalität bzw. Irrationalität aufs Engste miteinander verbunden sind.

Fangen Sie klein an, aber fangen Sie an

Einige der Anregungen aus diesem Buch haben Sie vielleicht nicht besonders angesprochen oder konnten bei Ihnen nur wenig Resonanz erzeugen. Andere Punkte dagegen haben Sie möglicherweise nachdenklich gemacht, vielleicht sogar ein widerstrebendes Gefühl ausgelöst. Oder aber Sie fanden einige Punkte schlichtweg sehr interessant und haben sich deshalb damit beschäftigt? Gut, fangen Sie genau da an. Gehen Sie agil vor – in Lernschleifen.

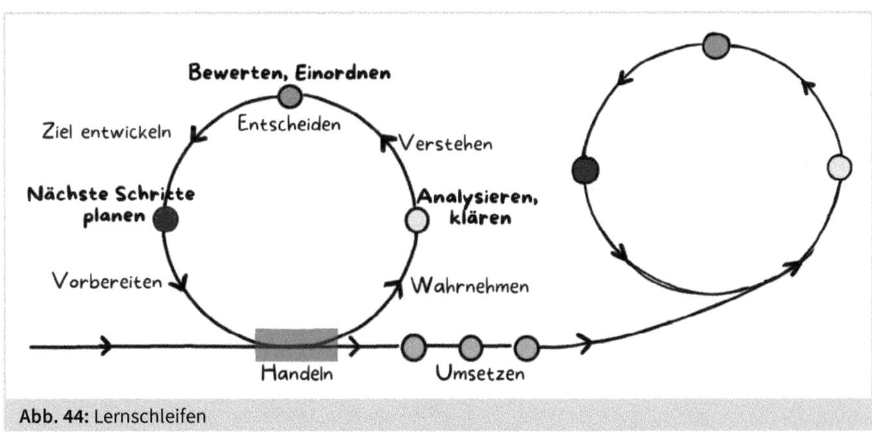

Abb. 44: Lernschleifen

Nehmen Sie sich etwas vor, das Sie bei sich selbst verändern möchten: vielleicht, eine andere Perspektive auf Ihre Umsetzungsarbeit, Ihre Kunden, Ihre Mitarbeitenden oder Ihre Chefin einzunehmen oder im nächsten Krisenmeeting, aus dem Sie bisher immer völlig entnervt herausgingen, ein anderes Verhalten auszuprobieren.

Meist nehmen wir uns zu viel vor und lassen dann am Ende frustriert alles sein, wie etwa bei den berühmten Neujahrsvorsätzen. Starten Sie daher unbedingt in kleinen, einfachen Schritten. Überlegen Sie sich die gewünschte Wirkung, gehen Sie adaptiv und inkrementell vor. Möglicherweise haben Sie Lust dazu, nach den Überlegungen in Kapitel 5 Ihre eigenen *Objectives and Key Results* zu entwickeln.

Vielleicht finden Sie auch unter den folgenden Ideen Inspirationen dafür, was Sie für agileres Verhalten und Vorgehen auch ohne ein großangelegtes Agile-Change-Programm tun können.

!

Inspirationen für ein agileres Vorgehen

Schenken Sie Vertrauen!
Vertrauen Sie anderen, vertrauen Sie sich selbst? Tun Sie es! Gehen Sie mehr ins Risiko, als Sie das üblicherweise tun und räumen Sie anderen aus Ihrem Stakeholder-Netzwerk reichlich Vertrauen ein. Freilich kein blindes Vertrauen, sondern Vertrauen darauf, dass jeder nach bestem Wissen und Gewissen handelt. Riskieren Sie, enttäuscht zu werden. Durch diese Haltung aktivieren Sie Selbststeuerungsfähigkeiten, Verantwortungsübernahme und Motivation und gewinnen zugleich mehr Zeit und Handlungsspielraum. Lassen Sie Fehler zu, aber bestehen Sie darauf, dass diese als Lerngelegenheit genutzt werden. Tun Sie das auch und ganz besonders im Hinblick auf sich selbst. Sprechen Sie über das, was funktioniert und auch ganz offen darüber, was nicht funktioniert, probieren und experimentieren Sie, ändern Sie, bleiben Sie offen und bewahren Sie sich ein heiteres Gemüt.

Seien Sie mutig!
Mut im agilen Kontext meint nicht das sprichwörtliche Harakiri oder waghalsige Manöver. Vielmehr geht es darum, über seinen eigenen Schatten zu springen; dass Sie sich auch im Angesicht von Widerstand oder Widrigkeiten für eine Sache, einen Menschen oder ein Ziel einsetzen, von dem Sie überzeugt sind. Mut braucht es auch, um Nein zu sagen oder etwas loszulassen. Eine große Herausforderung im Managementalltag ist es, zu priorisieren und Verantwortung abzugeben. Ja zu etwas zu sagen, bedeutet meist, etwas anderes abzulehnen. Mut ist die Voraussetzung für fokussiertes Arbeiten. Mutig sind Sie dann, wenn Sie nicht mit allem anfangen, nicht alles gleichzeitig tun und es nicht jedem recht machen wollen. Mut zum Fokus ist Voraussetzung für agiles Arbeiten.

Arbeiten Sie mit Ihren Kunden!
Kundenorientierung ist für viele ein alter Hut. Echte Kundenzentrierung allerdings ist in vielen Organisationen noch ausbaufähig. In meiner Tätigkeit als Berater begegne ich immer wieder unmittelbar und mittelbar Einstellungen, in denen sich Kundenorientierung als bloßes Lippenbekenntnis offenbart, wo Kunden und deren Bedürfnisse eher als Störfaktoren standardisierter und optimierter Prozesse gesehen werden. Im agilen Verständnis werden Kundenwünsche nicht entgegengenommen, sondern aktiv entdeckt und erfüllt. Nicht inside-out, sondern outside-in; man versucht, sich bewusst in die Situation des Kunden zu versetzen, seine Welt, seine Probleme, seine Wünsche, Sehnsüchte, Bedürfnisse und Gefühle zu entdecken. Das funktioniert nur in einem echten Austausch mit dem Kunden, in den so intensiv wie möglich und so oft wie nötig gegangen wird, um den Kunden zu verstehen und die beste Lösung für ihn zu realisieren.

Schaffen Sie Transparenz!
Ich erlebe es in meiner Arbeit tatsächlich immer wieder, dass die Geschäftsführung Strategien vor den Mitarbeitenden geheim hält. Das Wissen um die Strategie ist dann eine Art

Machtressource, was in der heutigen Zeit natürlich ziemlich anachronistisch wirkt. Ein solches Vorgehen geht häufig mit der entsprechenden Unternehmenskultur einher; man lässt sich schließlich nicht in die Karten gucken. Im agilen Kontext dagegen ist Transparenz unerlässlich, um Eigenverantwortung, Fehlertoleranz und Lernen zu ermöglichen. Dabei geht es aber nicht nur um fachliche Klarheit und um das Teilen von Wissen. Fundamental ist gerade auch die Transparenz im Zwischenmenschlichen: Wie ist die Stimmung im Team? Wie geht es jedem Einzelnen? Welche Bedürfnisse hat jeder? Wo gibt es vielleicht Konflikte? Transparenz ist die unabdingbare Voraussetzung zur Beantwortung der grundlegenden Fragen: Was von dem, was da ist, können wir nutzen; wie können wir uns gegenseitig unterstützen und voneinander lernen, damit wir unsere Arbeit besser machen und unsere Ziele schneller erreichen können?

Machen Sie sich – wie Sie es von der Arbeit mit diesem Buch ja bereits kennen – Notizen; schreiben Sie alles auf, was Sie sich vornehmen, wie Sie vorgehen wollen oder wie Sie vorgegangen sind, was Sie sein lassen, anders oder neu machen werden. Wussten Sie, dass Sie durch das Aufschreiben Ihrer Ziele und geplanten Vorgehensweisen die Erfolgswahrscheinlichkeit Ihres Vorhabens um ganze 50 % steigern?

Und zum Schluss: Leidenschaft und Könnerschaft

Sie sind noch skeptisch? Sie denken vielleicht: »Ja, alles schön und gut, aber bei mir ist das alles nicht so einfach!« Ich selbst habe eine lange Lernkurve hinter mir, Skepsis war mir dabei ein häufiger und manchmal sicher nützlicher Begleiter. Allerdings wurde ich auch häufig – sehr häufig – eines Besseren belehrt. Ich denke da an Mitarbeiterinnen, Kollegen und Kunden, auch Projekte und Organisationen, die ich zunächst eher negativ eingeschätzt habe. Im Laufe der Zusammenarbeit durfte ich dann meist das Gegenteil feststellen. Auf diesem Weg habe ich gelernt: Jede, aber auch wirklich jede Person freut sich über Anerkennung für ihre Arbeit, in die sie Könnerschaft und Leidenschaft gesteckt hat. Ich habe erlebt, dass diese beiden sich gegenseitig bedingen – in einem ermutigenden Umfeld, das Wachstum und Engagement ermöglicht, und wo aus Problemen Chancen und aus Chancen neue Realitäten erwachsen.

Könnerschaft und Leidenschaft haben auch etwas mit Liebe zu tun: mit der Liebe im Sinne von Güte, Hingabe, Freundschaft und Herzlichkeit. Wenn Sie das, was Sie tun, mit Liebe tun – *Made with Love* –, steigt die Wahrscheinlichkeit, dass es Ihnen gelingt, exponentiell. Dann überwinden Sie auch ein fixes Mindset und gelangen zu einem, das Wachstum und Entwicklung wirklich zulässt und so die beste Voraussetzung für agiles Verhalten ist.

Ich wünsche Ihnen genau diese Leidenschaft und Könnerschaft – und zwar mit Liebe – auf Ihrem Weg der agilen Strategieumsetzung und für Ihre berufliche Entwicklung.

Fallbeispiel Agilität: Das Gute im Schlechten

ES GEHT IMMER MIT AGILER HALTUNG

Eine Klientin und Freundin von mir betreibt in Norddeutschland einen Catering- und Event-Service auf dem Land. Mit ihrem Geschäftspartner hatte sie vor einiger Zeit einen Gutshof gekauft und mit viel Aufwand und Liebe zu einer Eventlocation für Hochzeiten, Familien- und Firmenfeste umgebaut. Das Geschäft lief gut; der Betrieb, in dem eine Handvoll Festangestellte und eine Reihe freiberuflicher Servicekräfte tätig waren, war fast ganzjährig ausgebucht.
Der Corona-Lockdown im März 2020 war für das Unternehmen meiner Klientin ein genauso harter Schlag wie für die gesamte Eventbranche. Alle Veranstaltungen mussten abgesagt werden, das Catering-Geschäft lief mehr als schleppend. Zugleich waren Kredite zu tilgen und Mietkosten zu bezahlen, einigen Mitarbeitenden musste gekündigt, andere mussten in Kurzarbeit geschickt werden.
Als ich zufällig während des Lockdowns an dem Gutshof vorbeifuhr, sah ich auf dem Parkplatz mehrere Wohnwagen und Camping-Mobile stehen und war sehr verwundert. Was war geschehen? Später am Tag rief ich meine Klientin an und erfuhr, dass sie aus der Not eine Tugend gemacht und kurzerhand in die Tat umgesetzt hatte, was unter Einhaltung der Hygieneregeln möglich war.
Wenn die Menschen nicht mehr zu Feiern zusammenkommen dürfen, der Urlaub ausfällt und Restaurants geschlossen sind, verschwindet nicht zugleich das Bedürfnis und die Sehnsucht nach Abwechslung oder einem schönen kulinarischen Erlebnis; im Gegenteil. Warum dann nicht, so dachte meine Freundin, den Wohnwagen oder das Camping-Mobil zum eigenen Restaurant machen? Die Idee zum *Wohnmobil-Dinner* war geboren, mit Schlemmer-Menüs in mehreren Gängen, Candle-Light-Dinner und weiteren Spezial- und Motto-Angeboten als Rundumservice mit Speisen und Getränken direkt zum Wohnwagen oder Camping-Mobil. Man organisierte eine Stromversorgung zum Parkplatz, machte etwas Werbung in den sozialen Medien und das Angebot entwickelte sich zu einem Renner über die Region hinaus. Für die Camper-Community wurde es zu einem absoluten Highlight. Auf Wunsch konnte direkt auf dem Platz übernachtet werden, inklusive Frühstück oder Brunch am nächsten Morgen.
Meiner Klientin ersetzt dieses Modell nicht ihr reguläres Geschäft, aber es ist ein ansehnlicher Ausgleich. Hinzu kommen die viele gute Presse und ein deutlich gestiegener Bekanntheitsgrad, der sicherlich auch für die Nach-Corona-Zeit seine positiven Auswirkungen haben wird.

Ich halte dies für ein schönes und einfaches Beispiel, wie sich auf der Basis einer agilen Haltung aus der Not eine Tugend machen lässt. Ich hoffe, dass das auch Ihnen gelingt, und danke Ihnen, dass ich Sie auf Ihrer Reise begleiten durfte. Verbunden mit meiner größten Wertschätzung für Ihre Offenheit und mutige Veränderungsbereitschaft wünsche ich Ihnen viel Erfolg und einen hohen Wirkungsgrad!

Dankeschön!

Es ist Anfang Januar 2021, Deutschland befindet sich im harten Lockdown und ich schreibe soeben die letzten Sätze dieses Buches. Von Herzen danke ich allen, die dafür wichtig waren.

Begonnen hat alles mit meinen Freunden und Kollegen Clemens Brandstetter, Dirk Sander und Florian Junge. Gemeinsam entwickelten wir Ideen und sammelten Inspiration dafür, ein Buch zu schreiben. Auch wenn wir unsere damaligen Pläne nicht verwirklicht haben – um die Rolle von Plänen geht es in diesem Buch ja auch an der einen oder anderen Stelle –, empfinde ich unsere Gespräche darüber doch als Initialzündung.

Besonders großer Dank gilt meinen ehemaligen Kolleginnen und Kollegen während meiner Zeit als Führungskraft sowie meinen Kundinnen, Klienten und den Teilnehmenden meiner Workshops und Seminare. Durch sie habe ich verstehen gelernt, worum es bei agiler Strategieumsetzung am Ende *wirklich* geht.

»Noch ein Buch über Agilität?« Diese Frage habe ich, wenn ich Menschen von meinem Schreibprojekt erzählte, immer wieder zu hören bekommen. Und die Antwort musste unbedingt »Ja!« lauten, denn ich verorte mein Buch im Zentrum gegenseitiger Bereicherung. Neben meinen praktischen Erfahrungen ist das Wissen anderer für mich eine wichtige Quelle der Inspiration, aber auch des Weiter- und Andersdenkens. Ich danke allen Autorinnen und Autoren, deren Bücher und Artikel ich gelesen habe.

Dr. Wenke Klingbeil-Döring hat mich als Coach und Lektorin während des Schreibens genauso unermüdlich, empathisch und professionell begleitet wie Uljana Fedis, die für die grafische Realisierung sorgte. Beiden gilt mein herzlicher Dank.

Danken möchte ich auch dem Haufe-Verlag für die entgegenkommende, freundliche und unkomplizierte Unterstützung. Mein Dank gilt insbesondere der Produktmanagerin Anne Rathgeber und Lektorin Gabriele Vogt.

Im Co-Working-Space *Places* in Hamburg habe ich viel Muße zum Schreiben gefunden. Danke an Achim Schulz und sein Team für die herzliche Gastfreundschaft in einer tollen *We-Love-To-Work*-Atmosphäre.

Schließlich danke ich meiner Familie, meinen Freundinnen und Freunden für den Zuspruch, die Unterstützung und den Austausch. Allen voran meinen beiden Töchtern: Als Angehörige der Generation Y, die gerade Verantwortung übernimmt und mir für agile Arbeitsformen besonders offen zu sein scheint, übernahmen sie die Rolle der Sparringspartnerinnen.

Dankeschön

Literaturverzeichnis

Adizes, Ichak (1988): Corporate lifecycles: how and why corporations grow and die and what to do about it. Englewood Cliffs, N.J.: Prentice Hall.

Aktives Zuhören: Technik und Übungen (o.J.). Lern-Psychologie. Abgerufen am 12.10.2020, von http://www.lern-psychologie.de/kommunikation/aktiveszuhoerenuebung.pdf.

Aktives Zuhören: Warum es für gute Führungskräfte unerlässlich ist. (2020). Unternehmer.de. Abgerufen am 09.10.2020, von https://unternehmer.de/management-people-skills/255882-aktives-zuhoeren-fuehrungskraefte.

Anwander, Armin (2001): Strategien erfolgreich verwirklichen: Wie aus Strategien echte Wettbewerbsvorteile werden. 2. erw. Aufl. 2002 Edition. Berlin, Heidelberg, New York: Springer.

Baldauf, Corinna (2018): All About Retroperspectives: What is a retroperspective? Retromat. Abgerufen am 30.11.2020, von https://retromat.org/blog/what-is-a-retrospective/.

Barrick, Murray R./Mount, Michael K. (1991): »The big five personality dimensions and job performance: a meta-analysis«. In: Personnel Psychology. 44 (1), S. 1-26.

Bass, Bernard M. (1990): »From transactional to transformational leadership: Learning to share the vision«. In: Organizational Dynamics. 18 (3), S. 19-31.

Bass, Bernard M. (1985): Leadership performance beyond expectations. New York: Free Press.

Bass, Bernard M. (2008): The Bass handbook on leadership, theory, research & managerial applications. New York: Free Press.

Bass, Bernard M./Avolio, Bruce J. (1994): Improving Organizational Effectiveness Through Transformational Leadership. Thousand Oaks, California: Sage Publications.

Bedeutung von Wertschätzung: Definition und Erklärung (o.J.). Academy of Sports. Abgerufen am 22.10.2020, von https://www.academyofsports.de/de/lexikon/bedeutung-von-wertschaetzung/.

Beltz. (o.J.). Therapie-Tools Akzeptanz- und Commitmenttherapie in: Wengenroth, Matthias (2017). Abgerufen am 30.10.2020, von https://www.beltz.de/fachmedien/psychologie/buecher/produkt_produktdetails/32468-therapie_tools_akzeptanz_und_commitmenttherapie.html.

Bennis, Warren G. (1989): On becoming a leader. Revised and updated. New York: Basic Books.

Berner, Winfried (2017): Was ein Change Manager wissen und können sollte. Die Umsetzungsberatung. Abgerufen am 01.10.2020, von https://www.umsetzungsberatung.de/change-management/anforderungen-change-manager.php.

Boos, Frank/Fink, Franziska/Tobeitz, Gregor (2017): »Wenn Krisen Krisen folgen«. In: Organisations Entwicklung. (01/2017), S. 48-54.

Bodenmüller, Holger (2015): Die 10 Fallen der Strategieumsetzung: Wie Sie die Umsetzung einer Unternehmensstrategie erfolgreich zum Scheitern bringen. 4. Edition München: GRIN Verlag.

Borchardt, Alexandra (2015): Der gewählte Chef. sueddeutsche.de. Abgerufen am 02.09.2020 von http://www.sueddeutsche.de/wirtschaft/demokratie-in-firmen-der-gewaehlte-chef-1.2349724.

Bruch, Heike/Berenbold, Sandra (2016): Zurück zum Kern – Sinnstiftende Führung in der Arbeitswelt 4.0. In: Organisations Entwicklung. 20116/01, S. 4-11.

Bunderson, J. Stuart/Thompson, Jeffery A. (2009): The Call of the Wild: Zookeepers, Callings, and the Double-edged Sword of Deeply Meaningful Work. In: Administrative Science Quarterly. 54 (1), S. 32-57.

Bundesministerium für Arbeit und Soziales (o.J.): INQA Weißbuch Arbeiten 4.0. BMAS. Abgerufen am 27.11.2020, von https://www.bmas.de/DE/Arbeit/Digitalisierung-der-Arbeitswelt/Arbeiten-vier-null/arbeiten-vier-null.html.

Burns, James MacGregor (1978): Leadership. New York: Harper & Row.

Camphausen, Bernd (2013): Strategisches Management, Planung, Entscheidung, Controlling. Berlin, Boston: De Gruyter.

Collins, Jim (2001): Good to Great: Why Some Companies Make the Leap. And Others Don't. 1. Aufl. New York: Harper Business.

Collins, Jim/Hansen, Morten T. (2011): Great by Choice: Uncertainty, Chaos, and Luck. Why Some Thrive Despite Them All. New York: Harper Business.

Conger, Jay Alden/Kanungo, Rabindra Nath (1998): Charismatic leadership in organizations. Thousand Oaks, California: Sage Publications.

Daxner, Franz/Gruber, T./Riesinger, D. (2005): Werorientierte Unternehmensführung. In: Stummer, F./Auinger, Franz/Böhnisch, W.R. (Hrsg.): Unternehmensführung durch Werte. Wiesbaden: Deutscher Universitätsverlag S. 3-34.

Denning, Stephen (2018): The Age of Agile: How Smart Companies Are Transforming the Way Work Gets Done. Special ed. Edition. New York: Amacom.

Die Andersmacher (2020): Change X. Abgerufen am 27.10.2020, von https://www.changex.de/Article/serie_unternehmen_die_grundlegendes_anders_machen.

Die #Workhacks (o.J.): Workhacks: Einfach besser arbeiten. Abgerufen am 30.11.2020, von https://workhacks.de/die-workhacks/.

Diehl, Andreas (2019): OKR Methode: Einführung und Erklärung. DNO Digitale Neuordnung. Abgerufen am 26.11.2020, von https://digitaleneuordnung.de/blog/okr-methode/.

Dörr, Stefan (2008): Motive, Einflussstrategien und transformationale Führung als Faktoren effektiver Führung. München: Hampp.

Drucker, Peter F. (1977): People and Performance: The Best of Peter Drucker on Management. Reprint edition. New York: Harper's College Press.

Drucker, Peter F. (1992): The Age of Discontinuity: Guidelines to Our Changing Society. 2nd edition. New Brunswick (U.S.A.): Routledge.

Drucker, Peter F. (1957): The Landmarks of Tomorrow. New York: Harper & Row.

Drucker, Peter F. (1989): What Business Can Learn from Nonprofits. Harvard Business Review. Abgerufen am 09.07.2020 von https://hbr.org/1989/07/what-business-can-learn-from-nonprofits.

Dweck, Carol, S. (2007): Mindset: The New Psychology of Success. New York: Ballantine Books.

Dweck, Carol (2017): Mindset: Summary + Review. The Power Moves. Abgerufen am 21.10.2020, von https://thepowermoves.com/mindset-carol-dweck-summary/.

Eberl, Martina/Görlich, Michael/Volkenandt, Götz; u. a. (2012): Management strategischer Initiativen und Projekte: Strategieumsetzung im Spannungsfeld von Strukturen und Transformation. Berlin: K&T Knowledge & Trends.

Edmondson, Amy, C. (2020): Die angstfreie Organisation: Wie Sie psychologische Sicherheit am Arbeitsplatz für mehr Entwicklung, Lernen und Innovation schaffen. (M. Kauschke, Übers.: 1. Edition).

Edmondson, Amy, C. (2008): Managing People: The Competitive Imperative of Learning. Harvard Business Manager. Abgerufen am 10.01.2020, von https://hbr.org/2008/07/the-competitive-imperative-of-learning.

Emotionale Agilität: Warum Führen und Fühlen unbedingt zusammengehören (2020). TandemPloy. Abgerufen am 11.10.2020, von https://www.tandemploy.com/de/blog/emotionale-agilitaet-warum-fuehren-und-fuehlen-unbedingt-zusammengehoeren/.

Empathische Führung: Eine Frage der Haltung (2011). Management & Krankenhaus. Abgerufen am 12.10.2020, von https://www.management-krankenhaus.de/topstories/gesundheitsoekonomie/empathische-fuehrung-eine-frage-der-haltung.

Etzold, Veit (2018): Strategie: Planen – erklären – umsetzen. 1. Edition. Offenbach: Gabal Verlag GmbH.

Fallgatter, Michael J. (2007): Junge Unternehmen: Charakteristika, Potenziale, Dynamik. Stuttgart: Kohlhammer.

Fathi, Karim, P. (2014): Empathie 3.0: Ein neues Selbstverständnis für Führungskräfte? ZOE, Zeitschrift OrganisationsEntwicklung (03/2014), S. 81-84.

Feess, Eberhard (2018): Definition: Komplexität. Wirtschaftslexikon Gabler. Abgerufen am 02.10.2020, von https://wirtschaftslexikon.gabler.de/definition/komplexitaet-39259.

Felfe, Jörg (2006): Transformationale und charismatische Führung – Stand der Forschung und aktuelle Entwicklungen. In: Zeitschrift für Personalpsychologie. 5 (4), S. 163-176.

Ferrari, Elisabeth/Hölscher, Tonio (2014): Führung im Raum der Werte: Das GPA-Schema nach SySt®. 2. Edition. Ferrari Media.

Fischer, Ramona (2017): Grundbedürfnisse: Konsistenztheorie nach Grawe. Uniwissenpsycho. Abgerufen am 20.10.2020, von https://uniwissenpsycho.wordpress.com/tag/grundbeduerfnisse/.

Flühr, Peter/Uscher, Tal/Bohinc, Tomas u. a. (2020): Selbstorganisation in Corona-Zeiten. Projektmagazin. Abgerufen am 30.09.2020, von https://www.projektmagazin.de/spotlight/selbstorganisation-corona-e-book.

Frey, Dieter/Brodbeck, Felix C. (Hrsg.) Kerschreiter, Rudolf (2006): »Führungstheorien«. In: Bierhoff, Hans-Werner/Frey, Dieter/Bengel, Handbuch der Psychologie, Bd. 3 Handbuch der Sozialpsychologie und Kommunikationspsychologie. Göttingen: Hogrefe, S. 619-637.

Frey, Dieter/Gerhardt, Marit (2006): »Erfolgsfaktoren und psychologische Hintergründe in Veränderungsprozessen«. In: Zeitschrift für Organisationsentwicklung. (Heft 04 vom 01.10.2006), S. 48-59.

Future Day (o.J.). Podcasts: Im Dialog mit Zukunft. Future Day. Abgerufen am 14.12.2020, von https://futureday.network/podcasts/.

Ghadiri, Argang (2018): Definition: SCARF. Gabler Wirtschaftslexikon. Abgerufen am 19.10.2020, von https://wirtschaftslexikon.gabler.de/definition/scarf-54113.

Gierch, Carsten (2007): Strategie und Psychologie: Koalitionsverhandlungen aus spieltheoretischer Sicht. In: Koalitionen in der Bundesrepublik. S. 29-49. Abgerufen am 14.10.2020, von https://doi.org/10.30965/9783657785247_004.

Gigerenzer, G. (2008). Bauchentscheidungen: Die Intelligenz des Unbewussten und die Macht der Intuition. München: Goldmann Verlag.

Gloger, Boris/Rösner, Dieter (2017): Selbstorganisation braucht Führung: Die einfachen Geheimnisse agilen Managements. München: Carl Hanser Verlag.

Google (2020): »Agil« – Google-Suche«. Abgerufen am 15.12.2020 https://www.google.de/search?sxsrf=ALeKk03qTxggiJ2AjFNrUMEbw_s9AaSi9A%3A1611871335842&source=hp&ei=ZzQTYI3rMNCdjLsPlsOEiAk&q=agile&oq=agile&gs_lcp=CgZwc3ktYWIQAzIFCAAQsQMyBQgAELEDMgUIABCxAzIOCAAQsQMQgwEQxwEQowIyBQgAELEDMgUIABCxAzIFCAAQsQMyBQgAELEDMgIIADICCAA6BwgjEOoCECc6CAgAELEDEIMBOggIABDHARCjAjoLCAAQsQMQxwEQowI6AgguOggIABDHARCvAToLCAAQsQMQxwEQrwE6CAguELEDEIMBOgQIABADUNUgWJslYI8raAFwAHgAgAFtiAG6A5IBAzQuMZgBAKABAaoBB2d3cy13aXqwAQI&sclient=psy-ab&ved=0ahUKEwjNupPT0L_uAhXQDmMBHZYhAZEQ4dUDCAg&uact=5.

Google (2020): »Strategieumsetzung« – Google-Suche«. Abgerufen am 15.12.2020 https://www.google.de/search?sxsrf=ALeKk00omymSQQdqyLz7J1BJt9yOZQvBQg%3A1611871342058&ei=bjQTYPfxAo66sAep5aiACw&q=Strategieumsetzung&oq=Strategieumsetzung&gs_lcp=CgZwc3ktYWIQAzICCAAyAggAMgIIADICCAAyBAgAEB4yBAgAEB4yBAgAEB4yBAgAEB4yBAgAEB4yBAgAEB46BwgAELADEEM6BAgAEEM6CAgAEMcBEKMCOggIABCxAxCDAToLCAAQsQMQxwEQowI6BQgAELEDOgkIABBDEEYQ-QE6CAgAEMcBEK8BOgUILhCxAzoCCC46CggAEMcBEK8BEAo6BAgAEApQiYAGWLiWBmD1mAZoAXACeAGAAdABiAGFD5IBBjE1LjMuMZgBAKABAaoBB2d3cy13aXrIAQrAAQE&sclient=psy-ab&ved=0ahUKEwj34JDW0L_uAhUOHewKHakyCrAQ4dUDCAw&uact=5.

Google (2020): »Strategieumsetzung« – Google-Suche«. Abgerufen am 15.12.2020 https://www.google.de/search?sxsrf=ALeKk012vqN0_n_AC2rstIIBe1hvRKf4wQ%3A1611871444983&ei=1DQTYP_OO5SesAfR_bv4AQ&q=Strategie&oq=Strategie&gs_lcp=CgZwc3ktYWIQAzIECCMQJzIKCAAQsQMQFBCHAjIFCAAQsQMyBwgAEBQQhwIyAggAMgQIABBDMgIIADICCAAyAggAMgIIADoHCAAQRxCwAzoECAAQHjoKCAAQxwEQrwEQCjoECAAQClDyqwVYlrcFYI27BWgBcAJ4AIABYIgBwgWSAQE5mAEAoAEBqgEHZ3dzLXdpesgBCMABAQ&sclient=psy-ab&ved=0ahUKEwj_iJuH0b_uAhUUD-wKHdH-Dh8Q4dUDCAw&uact=5.

Goleman, Daniel (1997): EQ: Emotionale Intelligenz. (Griese, Friedrich, Übers.). München: deutscher Taschenbuch Verlag.

Goleman, Daniel/Boyatzis, Richard (2020): Soziale Intelligenz – Warum Führung Einfühlung bedeutet. Harvard Business Manager. Abgerufen am 21.10.2020, von https://www.manager-magazin.de/harvard/fuehrung/hirnforschung-mit-empathie-zur-guten-fuehrungskraft-a-00000000-0002-0001-0000-000062546222.

Goleman, Daniel (2020): Emotionale Intelligenz – zum Führen unerlässlich. Harvard Business Manager. Abgerufen am 18.11.2020, von https://www.manager-magazin.

de/harvard/fuehrung/warum-emotionale-intelligenz-zum-fuehren-unerlaesslich-ist-a-00000000-0002-0001-0000-000021502122.

Grolman, Florian/Zelesniack, Elena (2016): Unternehmenskultur: Die wichtigsten Modelle im Überblick. Initio Organisationsberatung. Abgerufen am 30.09.2020, von https://organisationsberatung.net/unternehmenskultur-kulturwandel-in-unternehmen-organisationen/.

Grandorfer, Sarah (2020): Die Zukunft der Arbeit als Horrorversion: Ein agiles Mindset ist nicht die Lösung aller Probleme. ITB IT-business. Abgerufen am 15.12.2020, von https://www.it-business.de/ein-agiles-mindset-ist-nicht-die-loesung-aller-probleme-a-908144/.

Grätsch, Susanne/Knebel, Kassandra (2020): Agile Führung: Was ist Agile Leadership? Die 10 Prinzipien. bt Berliner Team, Abgerufen am 16.10.2020, von https://www.berlinerteam.de/magazin/agile-fuehrung-wie-funktioniert-agile-leadership-die-10-prinzipien/.

Gysi, Rudolf (2020): Agile Initiative: Haben wir in das Soziale System investiert? Agile Reflection. Abgerufen am 16.11.2020, von https://agilereflection.org/tag/social-system-work-system-soziale-schuld-agile-transformation/.

Haas, Michaela (2018): Was ein gutes Team ausmacht. SZ Magazin. Abgerufen am 25.09.2020, von https://sz-magazin.sueddeutsche.de/die-loesung-fuer-alles/was-macht-ein-gutes-team-aus-86087.

Haller, R. (2019). Das Wunder der Wertschätzung: Wie wir andere stark machen und dabei selbst stärker werden (8. Edition). München: GRÄFE UND UNZER Verlag.

Hamel, Gary (2009): Mission: Management 2.0. In: Harvard Business Manager. (April 2009), S. 86-95.

Hammer, Richard (2015): Unternehmensplanung: Planung und Führung. 9. Aufl. Berlin: De Gruyter Oldenbourg.

Hardering, Friedericke/Will-Zocholl, Mascha/Hofmeister, Heather (2016): »Sinn der Arbeit und sinnvolle Arbeit: Zur Einführung«. In: Arbeit. 24 (1-2).

Hattendorf, Kai/Heidbrink, Ludger/Egorow, Maxim u. a. (2016): »Wertekommission Führungskräftebefragung 2016«. Abgerufen am 27.09.2020 von https://www.wertekommission.de/wp-content/uploads/2016/10/F%C3%BChrungskr%C3%A4ftebefragung-2016.pdf

Häusling, André (2017): Agile Organisationen: Transformationen erfolgreich gestalten – Beispiele agiler Pioniere. 2. aktualisierte und überarbeitete Aufl. Freiburg, München, Stuttgart: Haufe.

Heifetz, Ronald A./Linsky, Marty/Grashow, Alexander (2009): The Practice of Adaptive Leadership: Tools and Tactics for Changing Your Organization and the World. 1st edition. Boston, Mass.: Harvard Business Press.

Herrmann, Daniel/Felfe, Jörg/Hardt, Julia (2012): »Transformationale Führung und Veränderungsbereitschaft: Stressoren und Ressourcen als relevante Kontextbedingungen«. In: Zeitschrift für Arbeits- und Organisationspsychologie A&O. 56 (2), S. 70-86.

Hernstein, Institut für Management und Leadership (2018): Schwerpunkt: Haltung: Auf die Plätze – Haltung los! Abgerufen am 14.10.2020, von https://www.hernstein.at/fileadmin/user_upload/Hernsteiner/Hernsteiner-01-2018.pdf.

Hernstein, Institut für Management und Leadership (2019): Schwerpunkt: Mindshift: Reise in die Veränderung. Abgerufen am 14.10.2020, von https://www.hernstein.at/fileadmin/user_upload/Hernsteiner/Hernsteiner-02-2019.pdf.

Hofert, Svenja (2019): Agiler Führen: Einfache Maßnahmen für bessere Teamarbeit, mehr Leistung und höhere Kreativität. (gelesen von: Gräf, Claudia). Berlin: Argon Verlag.

Horx, Matthias (2002): Die acht Sphären der Zukunft. Wien: Signum.

Institute for New Economic Thinking: Martin Reeves (o.J.). Institute for New Economic Thinking. Abgerufen am 16.11.2020, von https://www.ineteconomics.org/research/experts/mreeves.

Jacob, Christian/Lobacher, Patrick (2019): Der OKR-Guide »Objectives & Key Results«: Der offizielle Leitfaden für agile Mitarbeiterführung mit OKR. Abgerufen am 26.11.2020, von https://www.die-agilen.de/fileadmin/downloads/okr-guide-free.pdf.

Jeffries, Ronald, E. (2018): Developers Shoul Abandon Agile. Ronjeffries. Abgerufen am 11.09.2020, von https://ronjeffries.com/articles/018-01ff/abandon-1/.

Jensen, Marie-Kristin (o.J.): Stakeholderanalyse. Projektmanagement Manufaktur. Abgerufen am 13.10.2020, von http://projektmanagement-manufaktur.de/stakeholderanalyse.

Joiner, Wiliam B. (2019): Leadership Agility for Organizational Agility. Journal of Creating Value, 5. Abgerufen am 01.10.2020, von https://doi.org/10.1177/2394964319868321.

Joiner, William B./Josephs, Stephen A. (2006): Leadership Agility: Five Levels of Mastery for Anticipating and Initiating Change. 1st edition. San Francisco: Jossey-Bass.

Jorgensen, Hans. H./Bruehl, Oliver/Franke, Neele (2014): Making Change Work, while the work keeps changing. IBM. Abgerufen am 30.10.2020, von https://www.ibm.com/downloads/cas/ZBN3AV1J.

Jöns, Ingela/Hodapp, Markus/Weiss, Katharina (2005): Kurzskala zur Erfassung der Unternehmenskultur. Psydok Psycharchives. Abgerufen am 30.09.2020, von http://psydok.psycharchives.de/jspui/bitstream/20.500.11780/349/1/2005-03_1_Kurzskala_zur_Erfassung_der_Unternehmenskultur.pdf.

Junginger, Beate: (2020): Sinn in Unternehmen: Wie Unternehmen ihre Vision finden. Change X. Abgerufen am 13.10.2020, von https://www.changex.de/Resource/40371?file=buchauszug_junginger_sinn_in_unternehmen.pdf.

Kahneman, Daniel (2016): Schnelles Denken, langsames Denken. (Schmidt, Thorsten, Übers.). München: Penguin Verlag.

Kaehler, Boris (2012): »Klassiker der Führungsliteratur – Grundlagenwerke der Mitarbeiterführung«. In: Personalführung. (6/2012), S. 60-64.

Kelter, Jörg/Rief, Stefan/Bauer, Wilhelm u. a. (2009): Über die Potenziale von Informations- und Kommunikationstechnologien bei Büro- und Wissensarbeit. Stuttgart: Fraunhofer-Verlag.

Klinkhammer, Margret/Hütter, Franz/Stoess, Dirk u. a. (2018): Change happens – inkl. Arbeitshilfen online: Veränderungen gehirngerecht gestalten. 2. Aufl. Planegg, München: Haufe-Lexware.

Koolwijk, Ferdinand van/Lucke, Franz Christian (2010): Der erfolgreiche Idealist: Idealismus auf neuen Wegen. 1. Aufl. Bielefeld: Bertelsmann.

Kolbusa, Matthias (2013): Umsetzungsmanagement: Wieso aus guten Strategien und Veränderungen häufig nichts wird. 1. Edition. Berlin, Heidelberg, New York: Springer Gabler.

König, Andrea (2011): Kritik von Managern: Die Gründe für das Scheitern von Strategien. CIO. Abgerufen am 05.11.2020, von https://www.cio.de/a/die-gruende-fuer-das-scheitern-von-strategien,2266941.

König, Fabian (2019): Erfahrungsbericht: Ein halbes Jahr Erfolg mit OKRs. Esentri. Abgerufen am 06.10.2020, von https://www.esentri.com/erfahrungsbericht-ein-halbes-jahr-erfolg-mit-okrs/.

Kraus, Georg (2015): Unternehmenskultur: »Culture eats strategy«: Woran die beste Strategie scheitert. Haufe.de. Abgerufen am 02.11.2020, von https://www.haufe.de/personal/hr-management/unternehmenskultur-woran-die-beste-strategie-scheitert_80_295674.html.

Kretschmer, Winfried (2020): Die zukunftsbereite Organisation. Change X. Abgerufen am 09.10.2020, von https://www.changex.de/Article/interview_rustler_krauss_barth_plambeck_die_zukunftsbereite_organisation.

Kreutzer, Ralf T./Neugebauer, Tim/Pattloch, Annette (2017): Digital Business Leadership: digitale Transformation – Geschäftsmodell-Innovation – agile Organisation – Change-Management. Wiesbaden: Springer Gabler.

Kuebler-Ross, Elisabeth (1786): Questions and Answers on Death and Dying. U.S.: Collier Paperbacks.

Kudernatsch, Daniela (2020): Toolbox Objectives and Key Results: Transparente und agile Strategieumsetzung mit OKR. 1. Aufl. Stuttgart: Schäffer-Poeschel Verlag.

Lang, Rainhart/Rybnikova, Irma (2014): »Aktuelle Führungstheorien und Führungskonzepte: »Alter Wein in neuen Schläuchen?««. In: Aktuelle Führungstheorien und -konzepte. Wiesbaden: Springer Fachmedien Wiesbaden S. 15-31.

Laloux, Frederic (2016): Reinventing Organizations visuell: Ein illustrierter Leitfaden sinnstiftender Formen der Zusammenarbeit. (Kauschke, Marcus, Übers. 1. Edition). München: Vahlen.

Ledergerber, Raphael (2017): Warum 75 % der Strategien scheitern. Ledergerber & Partner. Abgerufen am 02.11.2020, von https://ledergerber-partner.ch/2017/03/01/unternehmensstrategie-warum-strategien-scheitern/.

Lets Begin: You want to change the world (o.J.). Heart of Agile. Abgerufen am 13.09.2020, von https://heartofagile.com/lets-begin/.

Link, Karin (2016): Paradoxe Führung: Eine Sowohl-als-auch-Perspektive in der Organisation verankern. In: zfo - Zeitschrift Führung + Organisation.

Loidl, Friedrich/Gahleiter, Markus (2015): Whitepaper: Strategien sicher umsetzen. MCG Managementberatung. Abgerufen am 18.12.2020, von http://docplayer.org/75994811-White-paper-strategien-sicher-umsetzen-dr-friedrich-loidl-mag-markus-gahleitner.html.

Lotter, Wolf (2020): Zusammenhänge: Wie wir lernen, die Welt wieder zu verstehen. Edition Körber.

Löffler, Sylvie (2018): Agiler Strategieprozess: Mit Sprints aus der Krise – Ein Erfahrungsbericht. Abgerufen am 16.11.2020, von https://blog.hslu.ch/sourcing/files/2019/05/Agiler-Strategieprozess.pdf.

Lüders, Kristin/Veken, Dominik (2017): About-you-Gründer Tarek Müller über: Unternehmenskultur und Führungsstrukturen. Der Spiegel. Abgerufen am 30.11.2020, von https://www.spiegel.de/wirtschaft/unternehmen/about-you-tarek-mueller-ueber-unternehmenskultur-und-fuehrungsstrukturen-a-1128829.html.

Lüschow, Frank (2007): Projekte in projektfeindlicher Unternehmenskultur: Strategisches Stakeholder-Management als Überlebenswerkzeug. Projektmagazin. Abgerufen am 15.10.2020, von https://www.projektmagazin.de/artikel/strategisches-stakeholder-management-als-ueberlebenswerkzeug_6982.

Marek, Daniel (2010): Unternehmensentwicklung verstehen und gestalten: eine Einführung. 1. Aufl. Wiesbaden: Gabler.

Mai, Jochen (o.J.): Wer von Ihnen hat sich heute schon wertschätzend verhalten? Wertschätzung: Mehr als Belohnung und Lob. Karrierebibel.de. Abgerufen am 10.12.2020, von https://karrierebibel.de/wertschaetzung/.

Mangelnde Wertschätzung: Studie: Jeder fünfte Arbeitnehmer hat innerlich gekündigt (2016). Neue Osnabrücker Zeitung. Abgerufen am 18.11.2020, von https://www.noz.de/deutschland-welt/gut-zu-wissen/artikel/793458/studie-jeder-fuenfte-arbeitnehmer-hat-innerlich-gekuendigt.

Manifest für Agile Softwareentwicklung (2001). Agilemanifesto. Abgerufen am 16.11.2020, von https://agilemanifesto.org/iso/de/manifesto.html.

McClelland, David (1985a): Human Motivation. Glenview, IL: Scott, Foresman & Company.

McClelland, David C. (1985b): How motives, skills, and values determine what people do. In: American Psychologist. 40 (7), S. 812-825.

McClelland, David C./Burnham, David H. (2003): Power Is the Great Motivator. Harvard Business Review. Abgerufen am 28.08.2020 von https://hbr.org/2003/01/power-is-the-great-motivator.

Metz, Markus, A. (2014): Check-In. Scrum Master. Abgerufen am 30.11.2020, von http://scrum-master.ch/agile/index.php/menu-main-retrospektive/menu-main-retrospektive-phasen/menu-main-retrospektive-phase-setthestage/menu-main-retrospektive-phase-setthestage-checkin.

Meyer-Timpe, Ulrike (2015): Emotion: Klingt nach Freude, riecht nach Glück. ZEIT Wissen (03/2015). Abgerufen am 12.12.2020, von https://www.zeit.de/zeit-wissen/2015/03/emotion-gedaechtnis-gefuehle-erfahrung?utm_referrer=https%3A%2F%2Fduckduckgo.com%2F.

Meyer, Rolf/Sidler, Adrian Urs (2010): Erfolgsfaktoren junger Unternehmen: empirische Studie zur Situation junger Unternehmen in der Schweiz. Basel: Ed. Gesowip.

Mintzberg, Henry (1994): The Rise and Fall of Strategic Planning, Harvard Business Review January, S.107-114.

Mintzberg, H./Ahlstrand, B./Lampel, J. (1999): Strategy Safari: Eine Reise durch die Wildnis des strategischen Managements, Wien.

Mintzberg, H. (2010): Managen (N. Bertheau, Übers.; 2. Edition). München: Gabal.

Morgner, Sebastian (2020): Expedition Zukunft: Wie wir den Zufall nutzen können, um Ungewissheit und Komplexität zu meistern. Future of Leadership: München: FLI Publishing.

Moresche, Carola (2019): Ein Erfahrungsbericht zu Objektives and Key Results im Projektmanagement: Wie ich mit OKR den Fokus auf's Wesentliche behalte. Projektmagazin. Abgerufen am 26.11.2020, von https://www.projektmagazin.de/blog/6-learnings-fuer-okr.

Mutius, Bernhard von (2020): Vom Ich zum intelligenten Wir. Change X. Abgerufen 28.12. 2020, von https://www.changex.de/Resource/41527?file=essay_mutius_vom_ich_zum_intelligenten_wir.pdf.

Neumann, J. V./Morgenstern, O. (1953): Theory of Games and Economic Behavior. Princeton: University Press.

Neumer, Judith (2009): Neue Forschungsansätze im Umgang mit Unsicherheit und Ungewissheit in Arbeit und Organisation: Zwischen Beherrschung und Ohnmacht. IMO. Abgerufen am 26.10.2020, von https://docplayer.org/28404385-Neue-forschungsansaetze-im-umgang-mit-unsicherheit-und-ungewissheit-in-arbeit-und-organisation.html.

Niedner, Barbara (2017): Agil ohne Planung: Wie Unternehmen von der Natur lernen können. 1. Aufl. Freiburg, München, Stuttgart: Haufe.

North, Klaus/Güldenberg, Stefan (2008): Produktive Wissensarbeit(er): Antworten auf die Management-Herausforderung des 21. Jahrhunderts; mit vielen Fallbeispielen; Performance messen, Produktivität steigern, Wissensarbeiter entwickeln. 1. Aufl. Wiesbaden: Gabler.

Nowotny, Valentin (2016): Was ist ein »agiles Unternehmen?«: Eine Einführung. In: Upload Magazin. Abgerufen am 21.09.2020, von https://upload-magazin.de/14153-agile-unternehmen/.

Obolensky, Nick (2010): Complex Adaptive Leadership: Embracing Paradox and Uncertainty. Farnham, England; Burlington, USA: Routledge.

Perich, Robert (1992): Unternehmungsdynamik: zur Entwicklungsfähigkeit von Organisationen aus zeitlich-dynamischer Sicht. Bern: Haupt (St. Galler Beiträge zum integrierten Management).

Peter Drucker on Strategic Planning: Sun Tzu's Art of War Strategy (o. J.). Abgerufen am 14.11.2020, von https://www.scienceofstrategy.org/main/content/peter-drucker-strategic-planning.

Petersen, Gerald (2020): Virtuelle Nähe: Der entscheidende Faktor für die virtuelle Zusammenarbeit. Talk about Learning. Abgerufen am 25.09.2020, von https://talk-about-learning.de/virtuelle-naehe-der-entscheidende-faktor-fuer-die-virtuelle-zusammenarbeit.

Petry, Thorsten (2019): Digital Leadership: Erfolgreiches Führen in Zeiten der Digital Economy. 2. Aufl. Freiburg, München, Stuttgart: Haufe.

Pfläging, Nils (2014): Organisation für Komplexität: Wie Arbeit wieder lebendig wird – und Höchstleistung entsteht. Nachdruck der erweiterten Neuauflage 2014. Münden: Redline Verlag.

Pfläging, Nils/Hermann, Silke (2015): Komplexithoden: Clevere Wege zur (Wieder)Belebung von Unternehmen und Arbeit in Komplexität. München: Redline Verlag.

Preußig, Jörg (2020): Agiles Projektmanagement: Agilität und Scrum im klassischen Projektumfeld. 2. Aufl. Haufe-Lexware.

Projekt Magazin. (2020). Warum agiler werden kein gutes Unternehmensziel ist. Abgerufen am 14.10.2020, von https://www.projektmagazin.de/system/files/article/2020-07/haufe-warum_agiler_werden_kein_gutes_unternehmensziel_ist.pdf?hash=88q7QLMm.

Rheinbarg, Falco (2008): Motivation. 7. Stuttgart: Kohlhammer.

Rheinberg, Falco (2004): »Intrinsische Motivation und Flow-Erleben.«. Abgerufen am 25.07.2020 von http://www.psych.uni-potsdam.de/people/rheinberg/files/Intrinsische-Motivation.pdf.

Ritt, Hans-Peter (2019): In 6 Schritten Stakeholder integrieren: Was Projektmanager von Politiker lernen können. Projektmagazin. Abgerufen am 15.10.2020, von https://www.projektmagazin.de/blog/6-schritten-stakeholder-integrieren_72268.

Riekhof, Hans-Christian (2010): Die sechs Hebel der Strategieumsetzung: Plan – Ausführung – Erfolg. 1. Aufl. Stuttgart: Schäffer-Poeschel.

Ries, Eric (2014): Lean Startup: Schnell, risikolos und erfolgreich Unternehmen gründen. München: Redline Verlag.

Rosenstiel, Lutz von (2007): Grundlagen der Organisationspsychologie: Basiswissen und Anwendungshinweise. 6., überarbeitete Aufl. Stuttgart: Schäffer-Poeschel.

Roth, Gerhard (o.J.): Wer sich ändern will, braucht einen Aufpasser. Potenziale Coach. Abgerufen am 11.10.2020, von https://potenziale-coach.de/isono-mental-und-emotionstrainer/wissenschaftliche-hintergruende/wer-sich-aendern-will-braucht-einen-aufpasser-prof-gerhard-roth/.

Roth, G./Ryba, A. (2019): Coaching, Beratung und Gehirn: Neurobiologische Grundlagen wirksamer Veränderungskonzepte (4. Druckaufl. Edition). Hamburg: Klett-Cotta.

Roth, G./Herbst, S. (2020): Warum es so schwierig ist, sich und andere zu ändern: Persönlichkeit, Entscheidung und Verhalten (2. Druckaufl. Edition).Hamburg: Klett-Cotta.

Rudolph, Udo (2013): Motivationspsychologie Kompakt. Weinheim Basel: Beltz.

Rustler, Florian/Krauss, Nadine/Springmann, Jens u. a. (2019): Individuelle Trainingspläne für Macher, Entscheider und Veränderer. Haufe-Lexware GmbH & Co. KG.

Sassenrath, Marcus (2017): New Management: Erfolgsfaktoren für die digitale Transformation. 1. Aufl. USA: Haufe-Lexware.

Schaller, Philipp David (2017): Management und Führung – erfolgreicher durch Werte.

Scheller, Torsten (2017): Abbildungen und Vorlagen aus dem Buch: Agil werden, in: Auf dem Weg zur agilen Organisation. München: Vahlen. Abgerufen am 25.09.2020, von https://www.agil-werden.de/buch/abbildungen/.

Scheller, Torsten (2017): Auf dem Weg zur agilen Organisation: Wie Sie Ihr Unternehmen dynamischer, flexibler und leistungsfähiger gestalten. (1. Edition). München: Vahlen.

Schein, Edgar H./Mader, Friedrich (1995): Unternehmenskultur: Ein Handbuch für Führungskräfte. Frankfurt/Main: Campus-Verlag.

Schein, Edgar, H. (2016): Organizational Culture and Leadership. 5. Edition. New Jersey: Wiley.

Schnell, Tatjana (2004): Implizite Religiosität: zur Psychologie des Lebenssinns. Lengerich: Pabst Science Publishers.

Schnell, Tatjana (2016): Psychologie des Lebenssinns. Berlin, Heidelberg: Springer.

Schnell, Tatjana/Höge, Thomas (2012): Kein Arbeitsengagement ohne Sinnerfüllung. Eine Studie zum Zusammenhang von Work Engagement, Sinnerfüllung und Tätigkeitsmerkmalen. In: Wirtschaftspsychologie. 1, S. 91-99.

Schuffenhauer, Jens/Flinspach, Tobias (2019): OKR Reporting und Tracking in: Controlling. Haufe.de. Abgerufen am 26.11.2020, von https://www.haufe.de/controlling/controllerpraxis/objectives-and-key-results-okr/okr-reporting-und-tracking_112_496618.html.

Schulz von Thun, Friedmann (2013): Miteinander reden 1: Störungen und Klärungen: Allgemeine Psychologie der Kommunikation. 1. Edition. Reinbek bei Hamburg: Rowohlt Taschenbuch Verlag.

Schüller, Anne, M. (2019): OKR-Methode: So planen Sie mit Objectives and Key Results. Business-Wissen. Abgerufen am 08.11.2020, von https://www.business-wissen.de/artikel/okr-methode-so-planen-sie-mit-objectives-and-key-results/.

Schwartz, Jeffrey/Rock, David (2006): The Neuroscience of Leadership: Breakthroughs in brain research explain how to make organizational transformation succeed. Strategy + Business. Abgerufen am 13.09.2020, von https://www.strategy-business.com/article/06207?gko=f1af3.

Shenhar, Aaron, J./Dvir, Dov (2007): Reinventing Project Management: The Diamond Approach To Successful Growth and Innovation. 1. Edition. Boston: Harvard Business Review Press.

Sindemann, Thomas/von Buttlar, Horst (2017): Konzerne auf den Spuren von Start-Ups. Abgerufen am 01.09.2020 von http://www.infront-consulting.com/.

relaunch/wp-content/uploads/2017/06/20170622-Infront-Capital Studie_Digital-Innovation-Units_web.pdf.

Soziale Intelligenz – Was ist das? Wie fördern/lernen? (o.J.). Soft Skills. Abgerufen am 21.10.2020, von https://www.soft-skills.com/soziale-intelligenz/.

Steinbicker, Jochen (2011): Zur Theorie der Informationsgesellschaft. Wiesbaden: Verlag für Sozialwissenschaften.

Stern, Sebastian (2003): Organisationsentstehung in innovativen Neugründungen: Kommunikation und Organisation in jungen Multimediaunternehmen. 1. Aufl. Wiesbaden: Dt. Univ.-Verl. (Gabler Edition Wissenschaft Unternehmensführung & Controlling).

Steyrer, Johannes; Meyer, Michael (2010): Welcher Führungsstil führt zum Erfolg? In: ZFO. (79. Jg.), (Q3/2010), S. 148-155.

Stiehler, Andreas/Schabel, Frank (2012): Wissensarbeiter und Unternehmen im Spannungsfeld. Mannheim: Hays AG, Pierre Audoin Consultants.

Stippler, Maria/Moore, Sadie/Rosenthal, Seth u. a. (2011): Führung – Überblick über Ansätze, Entwicklungen, Trends. Gütersloh: Verlag Bertelsmann Stiftung (Bertelsmann Stiftung Leadership Series).

Strategieumsetzung, OrganisationsEntwicklung Ausgabe 1/2009. (o. J.). Handelsblatt Fachmedien/Zeitschriften.

Tomenendal, Matthias/Goldkamp, Sina (2013): Organisationsidentität und Wachstum von jungen Unternehmen – ein systemtheoretisch basierter Fallstudienansatz. In: Journal für Psychologie. Jg. 21 (3), S. 1-27.

Tödtmann, Claudia (2019): Gallup-Studie 2019: Rund sechs Millionen Beschäftigte glauben nicht an ihr Unternehmen – mit 122 Milliarden Euro Folgeschäden, schuld sind die Führungskräfte selbst. Management-Blog. Abgerufen am 18.11.2020, von https://blog.wiwo.de/management/2019/09/12/gallup-studie-2019-rund-sechs-millionen-beschaeftigte-glauben-nicht-an-ihr-unternehmen-mit-122-milliarden-euro-folgeschaeden-schuld-sind-die-fuehrungskraefte-selbst/.

Thomas, Jan (2018): OKR: Die Agile Management Methode aus dem Silicon Valley. Berlin-Valley. Abgerufen am 05.12.2020, von https://berlinvalley.com/okr-agile-management-methode/.

Überlebensstrategie Digital Leadership (2015). Deloitte Digital. Abgerufen am 05.09.2020, von https://www2.deloitte.com/de/de/pages/technology/articles/survival-through-digital-leadership.html.

Umgang mit Widerstand als Schlüssel für gutes Change-Management (o. J.). teamElephant. Abgerufen am 30.10.2020, von https://www.teamelephant.de/change-management/umgang-mit-widerstand/.

Vogelsang, Renata, B. (2018): Wertschätzung und Empathie unterscheiden und richtig anwenden. Soulspeeches. Abgerufen am 21.10.2020, von https://soulspeeches.com/wertschaetzung-und-empathie-unterscheiden-und-richtig-anwenden/.

Walter, Fabian (2015): Welche Wirkung(en) hat dein Projekt? (Output, Outcome, Impact). Abgerufen am 10.11.2020, von https://erfolgreich-projekte-leiten.de/output-outcome-impact/.

Warmer, Christoph/Weber, Sören (2014): Mission: Startup. Wiesbaden: Springer Fachmedien.

Waytz, Adam (2020): Die Grenzen der Empathie. Harvard Business Manager. Abgerufen am 21.10.2020, von Die Grenzen der Empathie.

Weidemüller, Arved (2019): Wie man Objectives and Key Results zum Abheben bringt – Ein Praxisbeispiel aus einem unserer OKR-Workshops. Boris Gloger. Abgerufen am 05.12.2020, von https://www.borisgloger.com/blog/2019/06/27/wie-man-objectives-and-key-results-zum-abheben-bringt-ein-praxisbeispiel-aus-einem-unserer-okr-workshops.

Wiedel, Andrea (2019): Carl Rogers: Empathie und der neue Mensch. DialogKultur. Abgerufen am 16.10.2020, von https://coaching-akademie.blog/carl-rogers-empathie-und-der-neue-mensch/.

Wirkungsanalyse, Monitoring, Evaluation (o.J.). Wirkung lernen. Abgerufen am 05.12.2020, von https://www.wirkung-lernen.de/wirkungsanalyse/vorbereiten/monitoring-evaluation/.

Windolph, Andrea (2020): Das SCARF-Modell: Wie du produktive Teams formst. Projekte leicht gemacht. Abgerufen am 19.10.2020, von https://projekte-leicht-gemacht.de/blog/pm-methoden-erklaert/scarf-modell/.

Winfried, Berner (2016): Die Umsetzungsberatung: Widerstände: Vom Umgang mit Ängsten, Trotz und Interessenpolitik. Abgerufen am 23.10.2020, von https://www.umsetzungsberatung.de/psychologie/widerstaende.php.

Wunderer, Rolf (2009): Führung und Zusammenarbeit: eine unternehmerische Führungslehre. 8., aktual. und erw. Aufl. Köln: Luchterhand.

Ziemann, Christian (2018): Organisationskultur: Beispiele, Modelle und Ansätze zur Restrukturierung. Abgerufen am 25.09.2020, von https://www.christianziemann.de/mitarbeiterfuehrung/organisationskultur/.

Abbildungsverzeichnis

Stichwortverzeichnis

Der Autor

Walter Zornek ist seit 2012 Moderator, Coach, Facilitator und Unternehmensberater. Seine Leidenschaft und Schwerpunkte sind Strategie, Organisation, Führung, angewandte Psychologie, Systemtheorie, New Work und Entrepreneurship.

Die berufliche Laufbahn führte ihn vom Techniker über ein Ingenieurstudium der Nachrichtentechnik, Informationsverarbeitung und Kybernetik an der TU München zur Führungskraft, Business-Unit-Leiter und Geschäftsführer in der IT-, TK- und Medien-Industrie. Unter anderen war er verantwortlich für Strategieentwicklung, für die Einführung von Internet und DSL sowie internationale Großprojekte, u. a. zur Fernseh-, Rundfunk-, Internetübertragung der Fußballweltmeisterschaften 2006 und 2010. Zudem war er für den Aufbau eines Mobile Security Start-ups verantwortlich.

Neben seinem Ingenieurstudium hält Walter Zornek Abschlüsse für *International Business* an der Queensland University of Technology (QUT) in Australien sowie für *Wirtschafts- und Organisationspsychologie* an der Steinbeis University, Berlin. Er absolvierte Aus- und Fortbildungen an der WHU – Otto Beisheim School of Management, am Management Institut St. Gallen (Schweiz) und dem Massachusetts Institute of Technology (USA).

Mit viel Freude und ehrenamtlichem Engagement setzt er sich für fairen, öffentlichen und direkten Gesellschaftsdialog zwischen Wirtschaft und Zivilgesellschaft ein, er ist Blogger, Podcaster und Autor zu nachhaltigem Wirtschaften und Social Entrepreneurship (www.managerfragen.org).

Weitere Informationen unter:
www.egomet.de
agile-strategieumsetzung-das-buch.de